中国传统村落保护与发展
系 列 丛 书

国家出版基金项目

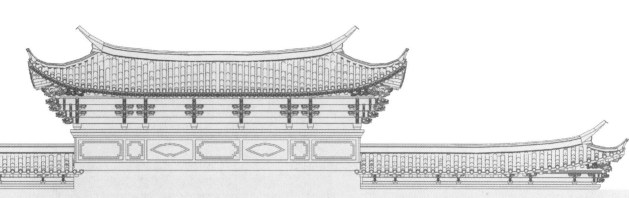

云贵少数民族地区传统村落规划改造和功能提升
——碗窑村传统村落保护与发展

陈继军 林 琢 余 毅 王 帅 编著

U0196230

中国建筑工业出版社

编委会

总编委会

专家组成员：

李先逵　单德启　陆　琦　赵中枢　邓　千　彭震伟　赵　辉　胡永旭

总主编：

陈继军

委员：

陈　硕　罗景烈　李志新　单彦名　高朝暄　郝之颖　钱　川　王　军（中国城市规划设计研究院）
靳亦冰　朴玉顺　林　琢　吉少雯　刘晓峰　李　霞　周　丹　朱春晓　俞骧白　余　毅
王　帅　唐　旭　李东禧

参编单位：

中国建筑设计研究院有限公司、中国城市规划设计研究院、中规院（北京）规划设计公司、
福州市规划设计研究院、华南理工大学、西安建筑科技大学、四川美术学院、昆明理工大学、
哈尔滨工业大学、沈阳建筑大学、苏州科技大学、中国民族建筑研究会

本册编委会

主编：

陈继军　林　琢　余　毅　王　帅

参编人员：

白　静　张灵梅　陈凯锋　卫春青　司　清　魏　岳　刘贺玮　李志新　安　艺　范　玥
于代宗　连　旭　高　雅　俞骥白

审稿人：

杨大禹

总　序

　　传统村落，又称古村落，指村落形成较早，拥有较丰富的文化与自然资源，具有一定历史、文化、科学、艺术、经济、社会价值，应予以保护的村落。

　　我国是人类较早进入农耕社会和聚落定居的国家，新石器时代考古发掘表明，人类新石器时代聚落遗址70%以上在中国。农耕文明以来，我国形成并出现了不计其数的古村落。尽管曾遭受战乱和建设性破坏，其中具有重大历史文化遗产价值的古村落依然基数巨大，存量众多。在世界文化遗产类型中，中国古村落集中国古文化、规划技术、营建技术、工艺技术、材料技术等之大成，信息蕴含量巨大，具有极高的文化、艺术、技术、工艺价值和人类历史文化遗产不可替代的唯一性，不可再生、不可循环，一旦消失则永远不能再现。

　　传统村落是中华文明体系的重要组成部分，是中国农耕文明的精粹、乡土中国的活化石，是凝固的历史载体、看得见的乡愁、不可复制的文化遗存。传统村落的保护和发展就是工业化、城镇化过程中对于物质文化遗产、非物质文化遗产以及传统文化的保护，也是当下实施乡村振兴战略的主要抓手之一，更是在新时代推进乡村振兴战略下不可忽视的极为重要的资源与潜在力量。

　　党中央历来高度关注我国传统村落的保护与发展。习近平总书记一直以来十分重视传统村落的保护工作，2002年在福建任职期间为《福州古厝》一书所作的序中提及："保护好古建筑、保护好文物就是保存历史、保存城市的文脉、保存历史文化名城无形的优良传统。"2013年7月22日，他在湖北鄂州市长港镇峒山村考察时又指出："建设美丽乡村，不能大拆大建，特别是古村落要保护好"。2013年12月，习近平总书记在中央城镇化工作会议上发出号召："要依托现有山水脉络等独特风光，让城市融入大自然；让居民望得见山、看得见水、记得住乡愁。"2015年，他在云南大理白族自治州大理市湾桥镇古生村考察时，再次要求："新农村建设一定要走符合农村的建设路子，农村要留得住绿水青山，记得住乡愁"。

　　传统村落作为人类共同的文化遗产，其保护和技术传承一直被国际社会高度关注。我国先后签署了《关于古迹遗址保护与修复的国际宪章》（威尼斯宪章）、《关于历史性小城镇保护的国际研讨会的决议》、《关于小聚落再生的宣言》等条约和宣言，保护和传承历史文化村镇文化遗产，是作为发展中大国的中国必须担当的历史责任。我国2002年修订的《文物保护法》将村镇纳入保护范围。国务院《历史文化名城名镇名村保护条例》对传统村落保护规划和技术传承作出了更明确的规定。

近年来，我国加强了对传统村落的保护力度和范围，传统村落已成为我国文化遗产保护体系中的重要内容。自传统村落的概念提出以来，至2017年年底，住房和城乡建设部、文化部、国家文物局、财政部、国土资源部、农业部、国家旅游局等相关部委联合公布了四批共计4153个中国传统村落，颁布了《关于加强传统村落保护发展工作的指导意见》等相关政策文件，各级政府和行业组织也制定了相应措施和方案，特别是在乡村振兴战略指引下，各地传统村落保护工作蓬勃开展。

我国传统村落面广量大，地域分异明显，具有高度的复杂性和综合性。传统村落的保护与发展，亟需解决大多数保护意识淡薄与局部保护开发过度的不平衡、现代生活方式的诉求与传统物质空间的不适应、环境容量的有限性与人口不断增长的不匹配、保护利用要求与经济条件发展相违背、局部技术应用与全面保护与提升的不协调等诸多矛盾。现阶段，迫切需要优先解决传统村落保护规划和技术传承面临的诸多问题：传统村落价值认识与体系化构建不足、传统村落适应性保护及利用技术研发短缺、传统村落民居结构安全性能低下、传统民居营建工艺保护与传承关键技术亟待突破，不同地域和经济发展条件下传统村落保护和发展亟需应用示范经验借鉴等。

另一方面，随着我国城镇化进程的加快，在乡村工业化、村落城镇化、农民市民化、城乡一体化的大趋势下，伴随着一个个城市群、新市镇的崛起，传统村落正在大规模消失，村落文化也在快速衰败，我国传统村落的保护和功能提升迫在眉睫。

在此背景之下，科学技术部与住房和城乡建设部在国家"十二五"科技支撑计划中，启动了"传统村落保护规划与技术传承关键技术研究"项目（项目编号：2014BAL06B00）研究，项目由中国建筑设计研究院有限公司联合中国城市规划设计研究院、华南理工大学、西安建筑科技大学、四川美术学院、湖南大学、福州市规划设计研究院、广州大学、郑州大学、中国建筑科学研究院、昆明理工大学、长安大学、哈尔滨工业大学等多个大专院校和科研机构共同承担。项目围绕当前传统村落保护与传承的突出难点和问题，以经济性、实用性、系统性和可持续发展为出发点，开展了传统村落适应性保护及利用、传统村落基础设施完善与使用功能拓展、传统民居结构安全性能提升、传统民居营建工艺传承、保护与利用等关键技术研究，建立了传统村落保护与发展的成套技术应用体系和技术支撑基础，为大规模开展传统村落保护和传承工作提供了一个可参照、可实施的工作样板，探索了不同地域和经济发展条件下传统村落保护和利用的开放式、可持续的应用推广机制，有效提升了我国传统村落保护和可持续发展水平。

中国建筑设计研究院有限公司联合福州市规划设计研究院、中国城市规划设计研究院等单位共同承担了"传统村落保护规划与技术传承关键技术研究"项目"传统村落规划改造及民居功能综合提升技术集成与示范"课题（课题编号：2014BAL06B05）的研究与开发工作，基于以上课题研究和相关集成示范工作成果以及西北和东北地区传统村落保护与发展的相关研究成果，形成了《中国传统村落保护与发展系列丛书》。

丛书针对当前我国传统村落保护与发展所面临的突出问题，系统地提出了传统村落适应性保护及利用，传统村落基础设施完善与使用功能拓展，传统民居结构安全性能提升，传统营建工艺传承、保护与利用等关键技术于一体的技术集成框架和应用体系，结合已经开展的我国西北、华北、东北、太湖流域、皖南徽州、赣中、川渝、福州、云贵少数民族地区等多个地区的传统村落规划改造和民居功能综合提升的案例分析和经验总结，为全国各个地区传统村落保护与发展提供了可借鉴、可实施的工作样板。

《中国传统村落保护与发展系列丛书》主要包括以下内容：

系列丛书分册一《福州传统建筑保护修缮导则》以福州地区传统建筑修缮保护的长期实践经验为基础，强调传统与现代的结合，注重提升传统建筑修缮的普适性与地域性，将所有需要保护的内容、名称分解到各个细节，图文并茂，制定一系列用于福州地区传统建筑保护的大木作、小木作、土作、石作、油漆作等具体技术规程。本书由福州市城市规划设计研究院罗景烈主持编写。

系列丛书分册二《传统村落保护与传承适宜技术与产品图例》以经济性、实用性、系统性和可持续发展为出发点，系统地整理和总结了传统村落保护与发展亟需的传统村落基础设施完善与使用功能拓展，传统民居结构安全性能提升，传统民居营建工艺传承、保护与利用等多项技术与产品，形成当前传统村落保护与发展过程中可以借鉴并采用的适宜技术与产品集合。本书由中国建筑设计研究院有限公司陈继军主持编写。

系列丛书分册三《太湖流域传统村落规划改造和功能提升——三山岛村传统村落保护与发展》作者团队系统调研了太湖流域吴文化核心区的传统村落，特别是系统研究了苏州太湖流域传统村落群的选址、建设、演变和文化等特征，并以苏州市吴中区东山镇三山岛村作为传统村落规划改造和功能提升关键技术示范点，开展了传统村落空间与建筑一体化规划、江南水乡地区传统民居结构和功能综合提升、苏州吴文化核心区传统村落群保护和传承规划、传统村落基础设施规划改造等集成与示范，对集成与示范成果进行编辑整理。本书由中国建筑设计研究院有限公司刘晓峰主持编写。

系列丛书分册四《北方地区传统村落规划改造和功能提升——梁村、冉庄村传统村落保护与发展》作者团队以山西、河北等省市为重点，调查研究了北方地区传统村落的选址、格局、演变、建筑等特征，并以山西省平遥县岳壁乡梁村作为传统村落规划改造和功能提升关键技术示范点，开展了北方地区传统民居结构和功能综合提升、传统历史街巷的空间和景观风貌规划改造、传统村落基础设施规划改造、传统村落生态环境改善等关键技术集成与示范，对集成与示范成果进行编辑整理。本书由中国建筑设计研究院有限公司林琢主持编写。

系列丛书分册五《皖南徽州地区传统村落规划改造和功能提升——黄村传统村落保护与发展》作者团队以徽派建筑集中的老徽州地区一府六县为重点，调查研究了皖南徽州地区传统村落的选址、格局、演变、建筑等特征，并以安徽省休宁县黄村作为传统村落规划改造和功能提升关键技术示范点，开展了传统村落选址与空间形态风貌规划、徽州地区传统民居结构和功能综合提升、传统村落人居环境和基础设施规划改造等的关键技术集成与示范，对集成与示范成果进行编辑整理。本书由中国建筑设计研究院有限公司李志新主持编写。

系列丛书分册六《福州地区传统村落规划更新和功能提升——宜夏村传统村落保护与发展》作者团队以福建省中西部地区为重点，调查研究了福州地区传统村落的选址、格局、演变、建筑等特征，并以福建省福州市鼓岭景区宜夏村作为传统村落规划改造和功能提升关键技术示范点，开展了传统村落空间保护和有机更新规划、传统村落景观风貌的规划与评价、传统村落产业发展布局、传统民居结构安全与性能提升、传统村落人居环境和基础设施规划改造等的关键技术集成与示范，对集成与示范成果进行编辑整理。本书由福州市城市规划设计研究院陈硕主持编写。

系列丛书分册七《赣中地区传统村落规划改善和功能提升——湖州村传统村落保护与发展》作者团队以江西省中部地区为重点，调查研究了赣中地区传统村落的选址、格局、演变、建筑等特征，并以江西省峡江县湖洲村作为传统村落规划改造和功能提升关键技术示范点，开展了传统村落选址与空间形态风貌规划、赣中地区传统民居结构和功能综合提升、传统村落人居环境和基础设施规划等的关键技术集成与示范，对集成与示范成果进行编辑整理。本书由中国城市规划设计研究院郝之颖主持编写。

系列丛书分册八《云贵少数民族地区传统村落规划改造和功能提升——碗窑村传统村落保护与发展》作者团队以云南、贵州省为重点，调查研究了云贵少数民族地区传统村落的选址、格局、演变、建筑和文化等特征，并以云南省临沧市博尚镇碗窑村作为传统村落规划改造和功能提升关键技术示范点，开展了碗窑土陶文化挖掘和传承、传统村落特色空间形态风貌规划、云贵少数民族地区传统民居结构安全和功能提升、传统村落人居环境和基础设施规划改造等的关键技术集成与示范，对集成与示范成果进行编辑整理。本书由中国建筑设计研究院有限公司陈继军主持编写。

系列丛书分册九《西北地区乡村风貌研究》选取全国唯一的撒拉族自治县循化县154个乡村为研究对象。依据不同民族和地形地貌将其分为撒拉族川水型乡村风貌区、藏族山地型乡村风貌区以及藏族高山牧业型乡村风貌区。在对其风貌现状深入分析的基础上，遵循突出地域特色、打造自然生态、传承民族文化的乡村风貌的原则，提出乡村风貌定位，探索循化撒拉族自治县乡村风貌控制原则与方法。乡村风貌的研究可以促进西北地区重塑地域特色浓厚的乡村风貌，促进西北地区乡村文化特色继续传承发扬，促进西北地区乡村的持续健康发展。本书由西安建筑科技大学靳亦冰主持编写。

系列丛书分册十《辽沈地区民族特色乡镇建设控制指南》在对辽沈地区近2000个汉族、满族、朝鲜族、锡伯族、蒙古族和回族传统村落的自然资源和历史文化资源特色挖掘的基础上，借鉴国内外关于地域特色语汇符号甄别和提取的先进方法，梳理出辽沈地区六大主体民族各具特色的、可用于风貌建设的特征性语汇符号，构建出可以切实指导辽沈地区民族乡村风貌建设的控制标准，最终为相关主管部门和设计人员提供具有科学性、指导性和可操作性的技术文件。本书由沈阳建筑大学朴玉顺主持编写。

《中国传统村落保护与发展系列丛书》编写过程中，始终坚持问题导向和"经济性、实用性、系统性和可持续发展"等基本原则，考虑了不同地区、不同民族、不同文化背景下传统村落保护和发展的差异，将前期研究成果和实践经验进行了系统的归纳和总结，对于研究传统村落的研究人员具有一定的技术指导性，对于从事传统村落保护与发展的政府和企事业工作人员，也具有一定的实用参考价值。丛书的出版对全国传统村落保护与发展事业可以起到一定的推动作用。

丛书历时四年时间研究并整理成书，虽然经过了大量的调查研究和应用示范实践检验，但是针对我国复杂多样的传统村落保护与发展的现实与需求，还存在很多问题和不足，尚待未来的研究和实践工作中继续深化和提高，敬请读者批评指正。

本丛书的研究、编写和出版过程，得到了李先逵、单德启、陆琦、赵中枢、邓千、彭震伟、赵辉、胡永旭、郑国珍、戴志坚、陈伯超、王军（西安建筑科技大学）、杨大禹、范霄鹏、罗德胤、冯新刚、王明田、单彦名等专家学者的鼎力支持，一并致谢！

陈继军

2018年10月

前　言

　　云贵地区是我国少数民族比较集聚的区域。云南是我国少数民族最多的省份，全国56个民族中，云南就有52个，其中人口在5000人以上的民族有26个，白族、哈尼族、傣族等15个少数民族为云南省世居民族；贵州也是一个多民族共居的省份，苗族、布依族、侗族、土家族、彝族等18个民族为世居民族。除汉族外，各民族分布呈大杂居、小聚居的特点，形成了数量众多、各具特色的少数民族传统村落。在四批全国传统村落名录中，云贵地区的全国传统村落数量有1160个，接近全国传统村落名录总数的30%，这些传统村落很好地体现了人与自然和谐共存的生态观念、地方历史文化的结晶与积淀。但是，云贵地区的传统村落，普遍存在着基础设施落后、环境欠佳、发展动力不足等多种阻碍和问题，同时，也面临着外来文化的冲击和城镇化大潮等多重影响，急需破解传统村落保护与发展的难题。

　　临沧市位于云南省西南部，地处澜沧江与怒江之间，因濒临澜沧江而得名，区域内居住着23个少数民族，是佤族文化发祥地之一。本书选择的传统村落碗窑村，位于云南省临沧市博尚镇，是一个少数民族集中区内的汉族村落，其特点有：其一，村落选址和格局符合了当地地形和气候条件，具有普遍代表性；其二，作为少数民族集聚区域内的汉族村落，在保持汉族本民族特征的同时，也很好地融合周边布朗族、拉祜族等一些少数民族特征；其三，碗窑村素有"土陶之乡"的美称，其陶器制作技艺被公布为云南省第三批省级非物质文化遗产名录，被中国文联评为中国碗窑土窑文化之乡，村落在近三百年的发展历程中，作为非物质文化遗产的碗窑村土陶文化的各种要素，包括龙窑、工场、工艺和土陶产品等，与村落发展和村民生活密切相关，迄今为止，仍然保持着家家制陶、处处见陶的传统生产生活方式，碗窑村传统村落的保护与传承，对村落和村民有着重要的影响。

　　针对当前云贵少数民族地区传统村落面临的问题，在尊重村民意愿、保护地方和民族特色的基础上，注重规划先行、有机改造和功能提升，本书重点围绕传统村落适应性保护及利用、传统村落基础设施完善与使用功能拓展、传统民居结构安全性能提升、传统民居营建工艺传承、保护与利用等多个方面，加强传统村落生态、生产和生活空间的改善和传统文化的传承，提升传统村落的内在自身的经济发展能力和可持续发展水平。

　　本书是"十二五"国家科技支撑计划"传统村落保护规划与技术传承关键技术研究"

项目（项目编号：2014BAL06B00）中"传统村落规划改造及民居功能综合提升技术集成与示范"课题（课题编号：2014BAL06B05）的主要研究成果之一。全书包括八章，重点在深入调查云贵地区传统村落和民居的基础上，对云贵少数民族地区的传统村落进行了重点调查和比较分析，研究了临沧地区佤族、傣族传统民居特点及演变规律，挖掘和传承了云南大理地区白族民居营建工艺为代表的传统民居营建工艺，并以云南省临沧市博尚镇碗窑村作为示范点，从传统村落的保护规划、基础设施完善、民居工艺保全和结构功能提升等多个方面，结合传统村落村民迫切的发展需求，开展了传统村落保护规划与技术传承关键技术的集成应用，探索了云贵少数民族地区传统村落的保护与发展，对全国的传统村落的保护与发展也有着较强的借鉴作用。

《云贵少数民族地区传统村落规划改造和功能提升——碗窑村传统村落保护与发展》虽然对云贵少数民族地区的典型传统村落进行了调查和分析，以传统村落保护与传承的实际案例提出了云贵少数民族地区传统村落规划改造和功能提升的具体建议，但是对于复杂多样的云贵少数民族地区的传统村落保护与传承来说，应该还是不充分和不完整的，必然难以覆盖云贵少数民族地区的所有传统村落，难免存在问题和不足，敬请读者批评指正！

目 录

第 5 章

/

碗窑村古村公共
空间保护与整治

113

第 8 章

／

碗窑村传统村落
保护规划设计

169

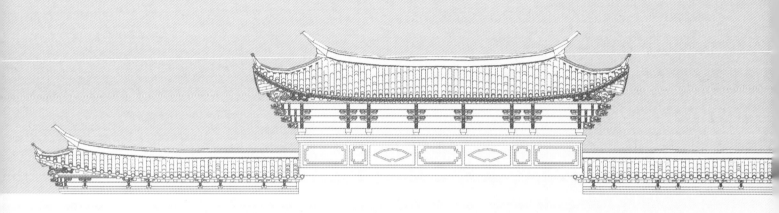

第1章
云贵少数民族地区典型传统村落调查

01

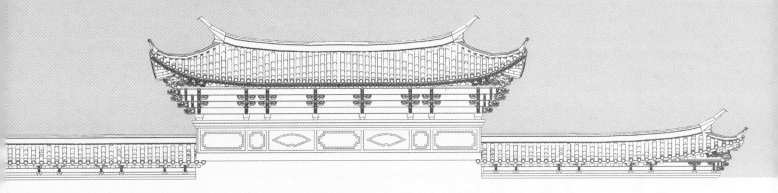

1.1 云贵少数民族地区传统村落基本概况

　　传统村落，又称古村落，指村落形成较早，拥有较丰富的文化与自然资源，具有一定历史、文化、科学、艺术、经济、社会价值，应予以保护的村落。传统村落中蕴藏着丰富的历史信息和文化景观，是中国农耕文明留下的巨大遗产。

　　传统村落具有深厚的历史积淀和文化底蕴，传承着一个民族的文明基因和文化记忆。村落里的自然生态、故事传说、古建筑、民间艺术和民俗民风，都是需要保护和传承的瑰宝。截至2018年4月，国家住房和城乡建设部联合其他多个部委，分期分批公布了四批中国传统村落名录，中国传统村落数量已达到4153个。在四批传统村落中，云贵地区中国传统村落的数量占到全国各区域中国传统村落总数的30%左右，居全国首位。

　　在已经发布的四批中国传统村落名录中，云南省传统村落总数为615个，位居全国榜首，这些村落涵盖了历史、民族、地区等多元特色要素，建筑形态与样式多且保存较完整。云南的传统村落，按照区域来看，滇南和滇西北地区是云南省传统村落的主要集中区；按照民族特色来区分，彝族、白族、藏族、苗族、哈尼族、傣族、纳西族、拉祜族、佤族等少数民族的传统村落特色鲜明，传统文化保存较好；按地理和自然环境来看，云南省传统村落多能适应当地自然气候条件，与自然和谐共生，传统民居多保持了干阑式建筑、井干式木楞房、三坊一照壁、一颗印、土掌房平楼等地域和少数民族特色的建筑形式。

　　贵州省目前共有545个传统村落列入了中国传统村落名录，总数量在云南省之后，居全国第二位。贵州省是一个集苗族、布依族、侗族、彝族、畲族等共居的省份，民族的多样性使古村落呈现出绚丽多彩的文化特征。形成于元明清时期的古村落，尤其是少数民族村落，如西江千户苗寨、花溪青岩镇、开阳马头寨、松桃寨英、雷山西江镇、立平肇兴村等，构成了贵州省最具地方特点和民族特色的传统村落，很好地体现了人与自然和谐共存的生态观念。

　　云贵地区的传统村落，由于地理和自然条件的限制，大多坐落在高山峡谷与深山崖边，各民族大杂居、小聚居交汇其间，交通可达性指数不高，经济发展几乎完全依赖于传统农业生产，很多传统村落在低水平社会经济发展环境下免于城镇化、现代化浪潮的侵蚀，也较少受到外来文化的冲击，让很多传统村落在相对封闭的环境中延续原民族固有的民族文化和生产生活方式，大量传统村落以活态形式原汁原味地流传至今。但是，这些传统村落目前都普遍存在着基础设施落后、环境欠佳、发展动力不足等多种阻碍和问题，特别是近年来，云贵地区传统村落频发火灾，除了直接造成的经济损失外，还有不能估量的文化损失，加上商业的冲击，很多具有地方历史沉淀和民族特色的传统村落正在不断地受到侵蚀和损毁。

而也有另外一些交通比较便利的少数民族传统村落，因受到政府和民众过度关注和城镇化进程严重影响等原因造成过度开发和特色丧失，也对云贵地区传统村落保护与传承造成负面影响。

当前云贵少数民族地区传统村落的保护与传承，重点应在尊重村民意愿、保护地方和民族特色、注重规划先行、有机改造和功能提升，以传统村落适应性保护及利用、传统村落基础设施完善与使用功能拓展、传统民居结构安全性能提升、传统民居营建工艺传承、保护与利用等多个方面加强传统村落生态、生产和生活空间的改善和传统文化的传承，提升传统村落的内在自身经济发展能力和可持续发展水平。

1.2 典型传统村落调研——沧源佤族翁丁村

云贵地区有大量不同少数民族的传统村落，其中沧源佤族翁丁村特色鲜明。

翁丁村位于云南省临沧市沧源佤族自治县城西北方向约40公里处勐角傣族彝族拉祜族乡，这是目前中国保存最为完整的一个原生态佤族村。2015年10月，被住房和城乡建设部、国家旅游局列为第三批全国特色景观旅游名镇名村示范。

1.2.1 环境基础条件与原始风貌

1.2.1.1 环境基础条件

翁丁地处滇西南中缅边境，位于东经99°05′~99°18′，北纬23°10′~23°19′。

翁丁山多林密，四周群山环抱。东边有高大雄伟的窝坎大山，海拔2605米，是沧源县境内海拔最高的山；西边有秀丽迷人的翁黑大山；南边有神话色彩浓重的公旱大山；北边有险峻神奇的公劳大山。翁丁森林植被保护较好，寨子周围树林茂密。寨民笃信原始宗教，认为万物有灵，对山川草木皆有敬畏之心，且崇尚自然，不随意破坏周围的自然景物。森林覆盖率达90%以上。这里还有水流清悠透亮、风光旖旎的新牙河，有美丽的"翁丁白云湖"，有建于1977年的翁丁大桥，桥下泉水汹涌奔泻，水花四溅，景色迷人（图1-2-1）。

　　翁丁属亚热带气候，雨量充沛，土地肥沃。年平均温度为24℃，降雨量为900～1000毫米。翁丁群山常年云雾缭绕，山腰云朵为村寨增添了迷人的景色。这里气候宜人，适宜多种动植物生长，是阿佤人美好的家园（图1-2-2）。

1.2.1.2　原始风貌

　　翁丁村委会是勐角乡下辖的村委会之一，设有四个自然村，六个村民小组（老寨、新寨、永榕、大寨、桥头寨、新牙寨），有247户，1095人（其中大寨96户，528人）。翁丁村土地资源丰富，总占地面积22088.8亩，总耕地面积2494亩，其中翁丁大寨总耕地面积918亩，人均耕地面积2亩。

　　翁丁大寨是翁丁村委会的核心区，占地面积为5.67公顷，现存历史建筑面积10880平方米，现存历史建筑完好比例为100%，占地面积1.175公顷。翁丁大寨完美保留远古时的建筑特色、民风民俗、歌舞艺术、宗教信仰以及文物古迹等原生态民族文化，是沧源佤族自治县民族生态文化旅游胜地和影视拍摄基地。

沧源翁丁佤族村的原貌保存完好，保留佤族传统建筑体系寨门、民居、撒拉房、粮仓房、梅依吉祭祀房、木鼓房、守地房等。居民为清一色的佤族，属布绕支系。语言属南亚语系孟高棉语族佤德昂语支。翁丁佤族使用佤语，有的也会讲傣语以及沧源方言。历史上佤族没有自己的文字；保留传统的农耕种作、饲养习俗。粮食作物有水稻、旱谷、玉米、荞、豆类等。茶叶、兰烟、蔬菜为当地的经济作物；传统手工业有纺织、印染、竹编；传统饲养业主要是圈养猪、鸡、牛等；保留民族传统节日和民间习俗；翁丁村民信仰万物有灵的原始宗教，信仰赛玛教，生活礼仪以茶待客；婚姻习俗为男女青年自由恋爱，实行一夫一妻制，实行计划生育；丧葬习俗实行土葬；使用佤历（以太阳年和朔望月相结合的阴阳合历）；现还保留的传统节日有护寨节、播种节、新米节；生产生活习俗有采集习俗、饮食习俗、服饰习俗、建筑习俗、丧葬习俗、婚姻习俗、节庆习俗、祭祀习俗、剽牛习俗、拉木鼓习俗等；保留传统的民间

图1-2-1　翁丁村梯田

图1-2-2　翁丁村全貌

歌舞艺术、体育活动，春节时全寨男女老少集中在寨中心广场围着寨桩跳葫芦笙舞、摆舞。翁丁佤族在节庆和农闲时开展传统体育比赛，参与人数达60%，项目有射弩、摔跤、高跷踢架、打陀螺、磨秋、打水枪等。目前传承方式主要为口耳相传，耳濡目染。主要传承人有杨艾块、肖尼不勒（70岁），两人主要掌握村寨历史、传说、风俗礼仪，肖三木那和肖尼不勒（32岁）主要是葫芦笙舞、摆舞及佤族民歌传承人。翁丁佤族历史悠久、传统文化底蕴深厚、自然生态环境优美古朴。

1.2.1.3　历史传统建筑群

翁丁佤族村保存了完整的历史传统建筑群。村内传统民居有两种基本形式，即"干阑式楼房"和"四壁落地房"。干阑式楼房与四壁落地房共居一寨，房屋顺应地势建盖，布局错落有致，草片覆顶，竹木结构，檐口低矮，形如孔明帽，原始古朴的传统民居其原形可追溯到三千多年前的沧源崖画村落图（图1-2-3）。

佤族传统民居建筑取材于大自然。主要建筑用材有竹子、麻栗木、红毛树、水冬瓜树、白树、茅草等。佤族建盖新房，只需两三天的时间就可完工，原因是佤族保留"一家建房，全寨帮忙"的优秀传统。

粮食是阿佤人的命根子，阿佤人有很强烈的护粮意识，所以粮仓是佤寨的有机组成部分。粮仓房一般建于离寨、离住房有一定距离的地方。寨头、寨脚或寨边是设置粮仓房的最佳位置。有的粮仓房较分散，有的粮仓房多间建在一处，形成漂亮的小建筑群。

除四壁落地房、干阑式楼房，粮仓房外还有木鼓房、守地房、撒拉房、祭祀房、寨门等建筑，它们构成翁丁佤族完整的房屋建筑体系，特色浓郁，民族文化深厚。

1.2.2　传统民居建筑

1.2.2.1　传统民居

传统佤族民居有两种基本建筑形式，即"干阑式住房"和"四壁落地房"（也称"鸡笼罩房"）。建筑工期较短，干阑式楼房工期三至五天，四壁落地房工期一至两天。传统佤族民居的总体特征是干阑式楼房与四壁落地房共居一寨，都是顺应地势而建，房与房之间布局错落有致，外形如孔明帽，竹木结构，草片覆顶，檐口较低矮，有利于防风避雨，屋内屋外无奢侈装饰（图1-2-4）。

图1-2-3　翁丁村历史传统建筑群

图1-2-4　翁丁村传统民居群落

1. 佤族干阑式住房

佤族干阑式住房建筑佤语称为"尼阿布龙"，布局为楼上楼下，平台楼梯。楼上干爽，住人，正房一侧开天窗，设置窗盖，用竹竿或木杆撑开窗子，便可纳光。内设火塘、炕笆、炕棚、户主卧室、客床、子女卧室等。楼下设牛圈或鸡圈，堆放柴火、猪食草、什物等。佤族传统民居没有更多的装饰，大多朴实简单。有的在屋脊上两头置竹制或木制燕尾；有的在两头博风板双叉上划刻叉形图；有的木制博风板较宽，且其叉形类似牛角。关于干阑式楼房两端的牛角形叉，民间的解释是这种装饰源于剽牛活动。以前，剽牛后，把牛角桩立于住房周围，把牛角挂在房脊上，后来，建房时就用交叉形弯角木板替代牛角。家中摆设主要是日常简单的生产生活用具（图1-2-5）。

2. 四壁落地房

四壁落地房佤语称为"尼阿格惹牙"。

佤族有传统，刚分离出来的儿子不能建盖楼房，只能建四壁落地式的小房子，且房顶两端不能设置牛角形博风板（牛角叉），这是佤族的尊老习俗。有俗话"耳朵不能高过

角"。意思是儿子不能凌驾于父母之上。住满三年落地房后，方可建盖楼房。

四壁落地式房结构简单，用材不多。共有16棵柱子。大梁两棵，中梁一棵，且无人字木。正房两侧椽子共80棵，马屁股房（两端外延扇形房）共44棵，金竹压条24棵。用木板及竹笆围围墙。门前檐口距地面约1米。其建筑流程、习俗、仪式等与干阑式楼房基本一致。不同的是正房建好后要隔三个月才能建盖两端马屁股房。门上方设三角形鸡笼网罩，通风又纳光。网罩外侧可搭鸡窝。房脊两端不设叉形博风板（牛角叉）。因房屋面积小，耗材也不多，且成年男子都会建筑房子，用一天就可盖好了（图1-2-6）。

1.2.2.2　佤王府

佤王府建筑面积402.94平方米，以翁丁佤族传统民居建筑为建筑原形，为了影视拍摄，根据佤族传说、故事而仿照修建的佤王王府。

佤王府为茅草顶、两层楼的"干阑式"佤族典型民居建筑，建筑体量较一般佤族民居大，内部陈设较豪华。跨进佤王府内里是两间进格局，外间简单陈

图1-2-5　翁丁村佤族干阑式民居
图1-2-6　翁丁村四壁落地房民居

列一些佤族图腾物和装饰性小品。里间是佤王府的主屋，正对门设有一个木制牛头椅和一个竹篾凳，为佤王和佤皇后座位。座位旁边摆设有精致、奇特的小型木鼓、牛头架等佤族图腾物和装饰物品。里间正中为一火塘，火塘内篝火常年不息，篝火上方架有一茶壶，一直煮有佤族招待贵宾的上等饮品土罐苦茶。里间两旁还设有诸多座椅，古时候是下属和臣子坐的地方。佤王府充分体现了佤族传统建筑艺术恢宏大气、神秘庄严、图腾文化浓郁的建筑风格，是一个集中展示佤族统治者文化元素的地方（图1-2-7）。

1.2.2.3 民俗陈列室

佤族民俗陈列室建筑面积436平方米。民俗广场面积4889平方米。佤族民俗陈列室集中展示佤族各种生产生活用具、服饰、工艺品如工艺木鼓、葫芦等。民俗广场主要是镖牛祭祀、打歌、对山歌、摔跤、射弩等民俗活动的场所。

1.2.2.4 撒拉房

撒拉房，佤语称"捏西栏"（也称公房），是佤族富有情意的房屋建筑。居于寨中的撒拉房也称公房。公房的结构并不复杂，由四根大柱、中梁、压条构架。

撒拉房草片覆顶，有的设围墙，有的不设围墙，四面通风。四根柱子之间分别搭设木板条，作坐凳之用，四周木条距地面不到1米。公房占地面积约10平方米，建筑面积7平方米。它是全寨人白天休息聊天的公共场所，是年轻人晚上梳头谈情的蜜房（图1-2-8）。

寨外路边的撒拉房是笃信佛礼的佤族行善去灾的善房。它的构造与公房相似，有竹木结构，也有纯竹结构，只是形体更小，供行人休息避雨之用。离寨较远的撒拉房，内放盛水竹筒、米、盐、辣子等，方便过往行人。

图1-2-7 翁丁村佤王府
图1-2-8 翁丁村撒拉房

1.2.2.5 梅依吉祭祀房

佤族笃信神灵，在寨边神林中建盖草木结构或草竹结构的祭祀房，祭供山河之神"梅依吉"。祭祀房建筑结构较为简单，不设围墙，通常情况下，祭祀房有两间，一间烧煮供神之物用，另一间专作供神用。祭祀房建筑面积35平方米。

1.2.2.6 木鼓房

寨中建盖木鼓房是佤族村寨文化特征之一。木鼓房佤语称为"捏克罗"。从沧源崖画祭祀图及沧源现在保留的木鼓文化来看，沧源是木鼓文化的发源地。木鼓房形似传统住房，只是檐口距地面稍高，可摆放两只大木鼓。木鼓房是佤族剽牛祭祀后跳木鼓房舞，娱悦鼓魂及神灵，祈求五谷丰登的场所。

1.2.2.7 寨门

佤族有句俗话"无门不成寨"。寨门是入寨的要塞。翁丁寨门以粗栗木做门柱，结实牢固，并以牛头挂门头作装饰，同时向外宣示图腾崇拜，表明族属。寨门对整个寨子起守护作用。不管你是王孙贵族还是平头百姓，想要进入寨中就得通过寨门，并且遵守寨中的一切礼俗。寨门是寨人与外界、寨人与神鬼的界碑。翁丁寨门高约3米，建筑面积17平方米，竹木结构。寨门顶覆盖草片。

翁丁寨门与村寨一样古老，有三百多年的历史。翁丁寨门每年都要维修。翁丁寨有东、南、西、北四道门。北门迎接客人和美好的事物，寨里叫谷魂或过节时就往前（北）门迎神纳福；寨中扫寨活动以及送葬、丢弃邪物等必须经过西门；为方便寨人出入再设东、南两道门（图1-2-9）。

1.2.2.8 粮仓房

粮仓房建筑别具一格。粮仓房占地面积小，形体矮小，粮仓置于空房中，为方形木柜，柜上设有小门。粮仓房面积大小各不相同，同一村寨，各家又有细小的出入。粮仓房高约3米，长约5米，宽约4米，占地面积约为20平方米。草片覆顶，竹木结构，两端加设马屁股房檐。四周不围竹笆墙或木板墙。把一个四周严封的方形木板柜置于房中（木柜即是粮仓），粮仓不落地而是支放在房中矮脚架上。粮仓高约2米，长约2.6米，宽约1.5米。粮仓底板向外延长形成粮仓门站台，站台长约1.6米，宽约0.7米。粮仓底板距地面0.3米，起到防潮的作用。粮仓正前方上部设置长宽为0.65~0.7米的正方形木板门。门与粮仓关闭紧严、无缝。有的木板门上雕刻形态逼真的牛角，牛角正中凿空，插入长约1.8米的木栓关闭固定仓门。粮仓正前方下部围板上设三个小台阶，方便上下存粮取粮。有的粮仓不加护栏，有的在粮仓四周加设护栏。护栏长约2.8米，宽约2米。用粗木围栅而成（图1-2-10）。

佤族粮仓，密封得非常好。采一种树叶，舂细之后，用温热之水把牛粪与碎叶调和成糊状物，用它糊住粮仓缝隙。这样，粮仓中的谷物不易受潮霉坏，也不会被老鼠、虫子等咬坏。

1.2.3 传统文化特色

图1-2-9　翁丁村寨门

图1-2-10　翁丁村佤族粮仓

1. 中国佤族传统文化的集中体现

中国佤族传统文化包括建筑文化、居住文化、宗教文化、节日文化、服饰文化、饮食文化、民俗文化、歌舞艺术、传统工艺、美术、民间文学、农耕和饲养文化等丰富的文化。

翁丁集中而完整地保留和传承了中国佤族诸多传统文化元素，是中国佤文化的荟萃之地，是佤文化天然的博物馆，在翁丁，人们既可以找到史前文明的遗迹，也可以目睹和感受佤族在历史进程中的斑斓迹象。

2. 跨境文化相通相融

翁丁佤族与境外缅甸佤邦佤族同一族源，佤族司岗里传说中叙述，佤族先民从"门高西爷"迁至"门些"（昆明），再经"得里"（大理）南下至缅甸"门得拉"即佤城（曼得勒），并在此居住三百年之久（距今约3200年），之后由于外族入侵迁至公明山附近，形成以公明山为中心区的佤族居住地，后因人口不断发展，又由这个中心区不断向北迁往中国沧源、耿马等地居住。翁丁佤族先民即由公明山附近的绍兴、绍帕等地迁来。因此，翁丁佤族沿袭了境外佤族先民的远古文化，并在相对封闭的自然环境中传承、发展与境外佤族相通相融的远古文明，成为世界佤族原生态文化的集锦地之一。

3. 原生态山居民族的文化遗存

佤族司岗里传说叙述，佤族先民曾居住在"门些"（滇池）边近千年，南迁至公明山后，成为名副其实的山居民族，由原来的打鱼为生变为采集、狩猎、耕作为生，生活内容和生活方式发生了根本性的变化，其文化也由湖群文化为主转变为以山居文化为主。佤人自称"布饶（山地人）"，佤族成了实在的山地民族，翁丁文化继承了山地文化的质朴性、独特性。

翁丁保存的耕作方式"夺铲点播"（刀耕火种）、食野菜习俗、葛根藤纺织习俗等，是原生态山居民族的文化遗存。每年播种季节，全村男女老少集体上山"莫玛"（点旱谷），从山脚移向山顶播种。男子手持竹杆，女子身背装有谷种的筒帕点种。为了减轻疲劳，男女青年在"耕莫龙"有节奏的咚隆咚隆声中边播种边对山歌，整个"莫玛"过程充满了欢快的情调。随着人们环境保护意识的增强、退耕还林政策的深入，"刀耕火种"的传统生产方式正逐渐消亡，"莫玛"式的点播文化终将成为历史。

4. 万物有灵的原始崇拜

翁丁佤族始终信仰万物有灵的原始宗教。深居深山密林，生产力低下，孕育了佤族天人合一、万物有灵的朴素思想，万物有灵的原始崇拜在漫长的社会进程中主宰着人们的思想，并成为驱使人们进行诸如拉木鼓镖牛祭祀求丰产活动、祭祀山河之神梅依吉求吉祥活动、祭祀寨桩求神灵保佑活动等的力量，祭祀活动中人们找到了团结奋进、共同面对敌人和困难的精神纽带。并在活动中形成共同的崇神敬灵的民族心理，在万物有灵思想中，一草一木，一山一水，皆有神灵护佑，因为崇敬和畏惧，人们不愿随意破坏自然物，人与自然和谐共处成了佤寨的一大亮点。也因为众多的原始崇拜，在众多的宗教活动中，产生了原生态文学和艺术。优美且充满韵味的祭祀辞、歌曲词谱、舞蹈动作等是原始宗教在原始文艺领域中的杰作。

1.2.4　传统习俗

1.2.4.1　建造房屋传统习俗

翁丁佤族在建筑新房时讲究较多，有一套自己的习俗。

1. 建新房仪式

主人家杀一只鸡，由"召磨"吃鸡头，寨子头人吃鸡腿。然后看鸡卦判断吉凶，若为凶，则再杀鸡，念词，求保佑，求吉祥。若多次看卦，卦象为凶，则另选吉日建房。

建房要看户主年龄是否合适，合适盖房才能盖，还要看月份，户主排行老大"艾"，则选在农历2、3月份建房，不能在1月份建房；户主排行老二"尼"，则选在农历1月份建房，不能在2月份建房；户主排行老三"桑"，则选在农历1月或2月份建房，不能在3月份建房，以此类推。

还要请人看日子。选最好的日子建房，竖梁柱也要选好日子，进新房也要看日子。

一般来说，户主生日、家中已逝人的祭日都不能选用。

以前，挖柱洞后，要派人守，以防他人动手脚，做坏事，对户主不利。开始立房子时，还要用蜡烛、粑粑供柱洞，请老人致辞。

开门的方向也很讲究。房门不能对准山凹，不对大路，且门建在主行条根部下，认为门是万事之根，进房子就是从根开始，这样做事才顺才好。

用料讲究。砍第一棵树做料子时，树要倒得干脆利落，若树倒后还与根部相连则不吉利，这棵树就不能用，要重新砍。抬进家的第一棵树料要洗，然后用白布包上蜡烛、米花、茶叶、芭蕉等放在小箕桌上供。从山上砍好主行条要扛进寨进院，不能落地，然后洗干净，放在不着地的地方，供拜，最后用草片盖好，以防天狗吃月亮时有影响，对户主不利即防月食。农历的初十五、初十六不盖房子，亦怕有月食。

2. 进新房仪式

准备一头肥猪，还有米、茶叶、蜡烛、草片、三脚架等。户主先带三脚架进去，其他人带其他东西随后进去。进新房前预先请老人守在新房中。进新房的当天杀猪，念词，大家一起吃饭。然后看肝胆卦。进新房后若房屋修建未完善，第二天不能继续修建，要休息，第三天才能开始修建，这样做是为了让一切事情都顺顺利利。

1.2.4.2　婚姻习俗

自古，佤族男女青年自由恋爱。梳头婚恋习俗是佤族独有的特色习俗。寨中的撒拉房（公房）是晚上姑娘、小伙子谈情说爱的地方，在那里，姑娘可为小伙子梳头，若两情相悦，则会发生恋情。相恋的姑娘伙子觉得时机成熟，双方商定后，伙子向自己的父母禀明事情。其父母找信得过的男子去说亲。说亲人带上主人家用白布包的茶叶、一对蜡烛、一台芭蕉领着小伙子到姑娘家，说明两家孩子相恋，想成为一家。此后，小伙子家煮一只全鸡，煮糯米饭，带上鸡和糯米饭，外加茶叶、一台芭蕉到姑娘家，姑娘家就请姑娘的舅舅、亲戚来一起吃饭，表明有这样的事情。之后，双方选定最合适的日子订婚。订婚后，伙子家开始忙碌，做准备，并派人去问姑娘家要什么彩礼。一般彩礼是蜡烛、白布、米、肉、芭蕉、衣服等，但不要酒。结婚第一天，新郎家把女方家的彩礼全部送去。新郎在新娘家住上一晚上。结婚第一天，新娘家下厨做饭、招待客人的事情由新郎家安排自己的人手去做。新郎家还带去一头大肥猪在新娘家杀，用来招待新娘家的客人，同时让老人念词。第二天吃过中午饭，新郎家把新娘接回到自己家中。接新娘回去的路上要吹葫芦笙、敲铓锣，新郎扛一棵甘蔗，身背长刀，而新娘则空手去，由新郎家人搀扶回去。到了新郎家，新郎家又杀大肥猪，请老人念词迎新娘，大家又吃一次中午饭。三天后，新郎新娘回门拜望新娘的父母。

1.2.4.3　丧葬习俗

若有人去世，则先通报死者的舅舅并请人给死者的舅舅致安慰词。然后死者家属包上茶叶送给寨中老人，向老人通报。死者家属杀母鸡，准备好死者应带走的东西。这些都是给死者的。死者在家中不入棺。给死者净身后用白布裹好。杀小公猪，致词神灵，告之神灵。

然后再杀小母猪祭，称为"格来"，老人念道："勐买格来，赛买垄"。然后把死者抬到坟地。坟地中已挖好坟穴。穴中置放棺木。把死者放入棺木中，盖上。棺木是一截大树干，先劈出一片木片做棺盖，然后凿空另一片，成槽形，棺即做成。棺木选用攀枝花树，或水冬瓜树。棺是死者死后临时做的。第二天，又杀小母猪，念丧葬词，称"司嘎尼阿"，其意是让死者走得好，不要有所牵挂，而后面活着的人要活得好，平平安安。

1.2.4.4　镖牛习俗

佤族崇拜牛，把牺牲牛作为至高无上的礼仪，因此便产生了镖牛习俗和砍牛习俗。镖牛主要以庆贺、接福、结盟、吉祥为内容。砍牛主要以驱邪、送鬼、祈祷为内容。

佤族镖牛源于古代捕猎和械斗时采用的主要方式，用尖端磨尖后的长木棒作标枪，向猎物或敌人用力投掷或捅刺。这是祖传下来的方式，不能用其他方式取而代之。

佤族的镖牛典礼庄严而隆重，选用的牛也是高大而肥壮的（图1-2-11）。

典礼仪式由一位德高望重的老人主持。仪式开始了，一人将一竹杯水酒送到老人的手上，老人庄重地走到场中央，慢慢蹲下来，开始念诵祝酒词。他为丰收祈祷，为健康祝福。老人念完祝酒词，滴下最后的几滴酒慢慢退去。一个镖牛手提起标枪向牛走去，看准了部位，双手举起标枪，对准牛右肩胛的后部用力捅刺，围观的寨民欢声雷动，为吉祥喜庆、为成功欢呼。接着便是砍牛，将肉散发到全部落各家各户，每户一串。留下一部分肉，叫所有寨民都来吃。人人有份，老幼平等。

1.2.4.5　拉木鼓习俗

"木鼓"佤语称"克罗"，为佤族独创和独有之鼓，佤族的村村寨寨都有木鼓房，木鼓房里一般存放一对木鼓。木鼓在阿佤人心目中是一种通神之物，无论哪一个部落，建寨后的第一件大事，就是拉木鼓祭祀。佤族人认为敲响木鼓能把人间的声音和愿望传达给天地鬼神。每年的木鼓祭祀活动始于拉木鼓，每年拉木鼓都要由头人主持全寨人来推选"主祭户"，确定之后，村寨家家户户有力出力，有钱出钱，大家都当作自己最重要的事来做（图1-2-12）。

首先选定吉日，由头人、魔巴带着男青壮年修拉木鼓的新路，选定木鼓树（选定的树虫不吃，树尖不断为吉）。"木鼓"材料选用红毛树和花桃树，因为他们是树中之王。隔天砍树时，男男女女数百人，分别拉着四根藤索，边拉边舞边唱，声势浩大，威武壮观。木鼓树一般停放三天，选好时辰，杀猪、剽牛，祈求来年丰收。凿木鼓，这是一项非常艰巨的工程，需要一位能工巧匠，十个左右木工动手开凿，边凿边敲，把碎木屑掏出。如此多次反复，敲击调音，直到调出高、低两个不同的声音（高音为公、低音为母），敲击木鼓时声音能传到十几里外才满意。新木鼓的制作，大约要20天，在此期间，每天要杀鸡祭拜。木鼓雕凿完工后，敲击木鼓向全寨报喜，并举行木鼓安放仪式。仪式由头人主持，魔巴念《司岗里》及本寨各姓氏的迁徙路线和寨子的发展历史后，祈求"莫伟"神的保佑。晚上，全寨人到木鼓房载歌载舞。以沧源佤族自治县文管所现存用于祭祀的最古老的木鼓为例：长264厘米，中间部分55厘米，两端50厘米，槽孔长220厘米，槽孔宽5厘米，槽孔进入5厘米处分出隔声板，用来调节鼓音，整个槽孔深度40厘米。木鼓是人类艺术史上独具一格的艺术杰作。它的制作，不仅反映了佤族人民精湛的雕凿技艺，还反映出佤族人民

粗犷豪放的艺术风格和丰富的想象力，是阿佤人民勤劳勇敢和智慧的结晶。木鼓是佤族文化的典型象征，佤族木鼓文化内容丰富，特色浓郁，源远流长，它在佤族文化进程中占有重要的统治地位，并起到主导发展的作用。佤族的历史没有本民族的文字记载，靠口耳传承。从《司岗里传说》中木鼓来源的几种说法看，木鼓可能产生于母系氏族社会后期，此时佤族刚进入农耕社会初期。木鼓刚开始出现时，其功用是为了壮胆，镇害除邪。农耕阶段初期，生产力水平极为低下，为了生存，为了谷物丰收，为了免除灾难，在万物有灵思想的驱动下佤族先民便通过祭鼓魂、祭神灵向神灵祈求，甚至用猎人头祭祀的方式达到祈求谷物丰收的目的。于是便产生了原始宗教祭祀文化活动。木鼓由火塘边转移到特定的、庄严的木鼓房，并从简单的功用发展为群体、部落、宗族的有组织、有礼俗规定的一套祭祀、欢庆、结盟、战争警示等场面壮观的盛大的政治宗教活动，及至到了农耕时期被佤族人民认为是"通天的神器"。过去，遇到灾年、粮食歉收，家畜病死、疾病流行、发生战争等佤族认定的大事，人们都要举行拉木鼓活动，都要重新制作富有强盛生命力的木鼓。

1.2.4.6　祭祀习俗

翁丁佤族在节庆或办大事时都要进行祭祀活动以求神灵保佑，万事如意。

以开门节（农历6月）为例，其祭祀活动如下：

早晨杀一头小公猪，并由老人念词，让邪恶不洁净的东西跟着远离村寨。寨中，头人杨艾那家蒸饭，米饭为全寨各家各户所送来的米，通常为每户一小碗米。寨中会祭祀念词的老人在头人家做蜡花（图1-2-13）。

| 11 | 12 |
| | 13 |

图1-2-11　翁丁村镖牛习俗场景图

图1-2-12　翁丁村拉木鼓习俗场景图

图1-2-13　翁丁村祭祀场景图

蜡花做好后放置在供桌上。头人用一大块红布挂在卧室外墙上，其下有供桌。又用小方块白布分别铺在四只小供桌上，其上分别摆上茶、米花、芭蕉等供品。几个老人围着蹲下，依次念词。

第二天，全寨又杀大肥猪，每户都分到猪肉。开门节，全寨共杀四头猪。猪是每户人家凑10元钱买的。

此外，祭祀活动还有"围线"护寨活动。此祭祀活动时间为阳历6月份。主持祭祀的人用茅草拧成绳绕住整个寨子。杀一头公猪，每家分一块肉。在寨桩供奉神灵并致祈祷词，祈求神灵护佑，护佑庄稼，护佑寨人，护佑家禽家畜。

1.2.4.7 染齿、纹身习俗

染齿是佤族古老的遗风之一，多为老年妇女所为，据说可以起到保护牙齿的作用。过去佤族妇女到一定的年龄都要染齿。她们从山上采来红毛树枝，放在火里烧，再用一块碎锅片挡在火焰上，经柴烟熏染，锅片上便会附上一种类似黑漆的油状物，最后用手把锅片上的黑色油状物抹在牙齿上，齿面即成黑色。

过去佤族有纹身的习俗，男子到了一定的年龄就要纹身，因他们发现在脸上、身上纹出图案有助于捕猎和战争成功。凡胸部、背部、肩膀、手腕、肚皮等部位都可纹饰。有太阳、月亮、牛头、龙等图案，纹身是男子勇敢和刚毅的标志，也是打动异性心灵的一张王牌。

1.2.5 民风民情

1.2.5.1 宗教信仰

翁丁佤族信仰的是万物有灵的原始宗教。其主要表现为自然崇拜、祖先崇拜、鬼魂崇拜、神灵崇拜、图腾崇拜、英雄崇拜、动植物崇拜等。

自然崇拜是佤族最初的崇拜形式，其对象是天体、土地、山河、水火、雷电、洪水、风雨等。祖先崇拜是对已故祖先的一种怀念方式。神灵崇拜是对所有鬼神的一种崇拜，其对象是土地神、山神、河神。图腾崇拜是佤族信仰崇拜，主要表现为对木鼓、寨桩、牛的崇拜。英雄崇拜是对本民族最具影响力和号召力人物的崇拜。动植物崇拜是把动物和植物（榕树）作为崇拜对象（图1-2-14）。

在佤族宗教信仰中，最崇拜的是"梅侬吉"神。他们认为"梅侬吉"是创造万物的神灵，是世界的最高主宰。每个村寨都有一片神林，林中建有供奉"梅侬吉"的祭祀房。

自佤族改革家、舞蹈家、智者达赛玛传教授理后，革除猎人头陋习，竖寨桩，信奉赛玛教。至今祭祀寨桩，盛行赛玛滴茶礼俗。

图1-2-14 翁丁村牛头桩

1.2.5.2 传统服饰

1. 佤族妇女服饰

穿着打扮是人类文化的表象，衣、裙是佤族妇女服饰的代表。佤族尚黑，所以服饰多以黑色为主色调，翁丁佤族妇女服饰简洁大方，十分古朴，妇女们一般都会纺线织布。线有棉线、麻线，现多用五颜六色的毛线，因它不容易掉色，而老人的服饰用棉线，织成布之后，还需要染色，一般用植物如紫梗、衣果、山李子汁、麻栗树皮同煮的水浸染。

翁丁村妇女的服饰主要有两种款式：

（1）斜襟圆领长袖短上衣

纽扣为布质，共有四排，为双排布扣，一排在脖子下面，一排在右胸上，其余两排则在右肋上。这种款式的衣服一般是老年和中年妇女穿。

（2）圆领中袖套头衫

在侧边缝有拉链，胸前用银泡缝有图案，青年妇女喜穿，属现代装。裙子，佤族称为"代"。共有两种款式，一种是长的，一种是短的，老年妇女多以黑色为主，裙脚边以银泡、花边、芦谷缝制图案，青年妇女则用各色毛线编织不同的色块。穿时花纹部分在下面，把裙头从右到左紧紧系于腰间，再用布条扎紧，布条上有饰物（图1-2-15）。

2. 佤族男子服饰

翁丁佤族男子过去上穿黑色或藏青色圆领斜襟长袖衫和立领对襟长袖衫，

图1-2-15 翁丁村传统服饰

下着黑色大裆裤。

3. 腰饰和首饰

翁丁佤族男女过去和现在都用布带系腰，喜背筒帕。佤族妇女喜戴银首饰，如银耳环、银胸牌、银手镯等。

4. 发型与头饰

佤族妇女常常把头发与自织的红布条缠拢，有的还点饰色彩斑斓的小绣球，然后把它盘绕在头上，或用从市场买来的红毛巾包起，然后再用自织的黑布把它缠住。姑娘们则喜欢披发，认为谁的头发最长最黑，谁就最漂亮。翁丁老年人喜用黑布裹头，年轻男子大都留长发。

1.2.5.3 民间工艺

翁丁至今还保留着原始传统的特色工艺，主要有纺织和编织。如印染、纺织、竹编、藤编（主要编制饭盒、凳子、桌子、簸笆等）。翁丁大寨佤族自己织布，自己印染。所编织的布，原料为大麻树皮，把树皮晒干，加工成长线，把线绕在两棵圆木棍上绷紧，要多宽的布就绕多宽的线，之后就要一针一线地纺织，织出的料子可缝制筒帕、衣裙或垫单。也有人从街上买毛线来织布。织布工具是腰机，它是一套竹木制的活动工具。整个需要织的经线可以卷成一卷，它的一头可以拴在妇女腰上，另一头用一根木棍穿好，可以搁在织布处钉在地上的两根木桩上。织时，把它展开，两头绷紧，把绕在一根木棍上的纬线穿到经线中间，然后再用抒刀把线打紧即可。织品有床单、衣裙、挎包等。

编织主要是竹编，翁丁佤族编织的用品有背箩、簸笆、簸箕、饭盒、竹凳等，这些竹编主要是满足家庭里生产生活需要，也有少部分拿到勐董街上卖，卖得的钱，买回一些物品。

1.2.5.4 口传文学

民间文学在佤族传统文化中有着重要的地位。由于佤族过去没有文字，所以佤族口传文学实际成了佤族历史文化的主要载体。佤族口传文学，它是全体佤族人民智慧的结晶。

翁丁佤族传播民间文学的方法灵活多样，夜晚在火塘边听老人讲述《司岗里传说》和《达赛玛传说》。在节庆时、劳动时的田间地头少不了民歌，在祭神的时候少不了宗教歌（词），这些民间文学内容丰富，形式多样，具有鲜明的民族风格和民族特色。

1. 神话传说

翁丁村主要神话传说有《司岗里传说》和《达赛玛传说》。

《司岗里传说》主要讲述了人类起源故事。佤族创世神话"司岗里"说：路安神和利吉神创造了人，他们把人放进了一个大葫芦，再把这个大葫芦放进了石洞里，是小米雀啄开了这个葫芦，人类的祖先才从葫芦里走了出来。中国沧源佤文化研究中心王学兵先生搜集整理的《司岗里的传说》中有详细的记述。

《达赛玛传说》主要讲述达赛玛以舞替代延续上千年的砍头祭祀陋习，并革除这一陋习，创作并传扬一系列的芦笙舞，世代受到佤族人民的爱戴。

2. 民歌民谣

翁丁佤族民歌形式多样，丰富多彩，从形式上可分为情歌、儿歌、劳动歌、节庆歌、祭祀歌等。这些在日常生活中口头传唱，祭祀歌则是魔巴们在祭神时唱。歌词有的是前人传下来的，有的是即兴创作的。

歌谣分为三部分：创世歌、宗教歌（词）、世俗歌。创世歌可称为民族史诗。宗教歌又分为祭神歌、祭祀词。祭祀词有招魂词、谷魂词、祭祖魂词等，唱者均为德高望重的魔巴。

歌谣在形式上比较自由，每句字数不同，韵律也不严格，一般为后句前部有一个音节押前句尾韵。它是佤族形成的俗语，是佤族文化生命的亮点。

3. 谚语

谚语，佤族称"洛西迪"，意为教育人的话。佤族谚语，是佤族文学的升华，是理性智慧与悟性智慧的结晶。佤族谚语丰富多彩，大致分为智慧、勤奋、致富、神话、传说、历史、爱情、婚姻、家庭、生产、节令、经验等12个方面的内容。如笋不割成竹、谷不割成土。

1.2.5.5　民歌民舞

翁丁佤族音乐，与其他佤族音乐相同的特点是旋律与语调密切相关，舞蹈性与歌唱性紧密结合，音乐基本上以五声音阶为基础，应用宫、商、角、徵、羽等多调式，一个乐段多次重复，并出现滑音、装饰音、颤音，使之富有山野特色。翁丁佤族音乐有民间歌曲、民间器乐曲、民间舞蹈音乐等类。民间器乐主要有吹管乐、打击乐。

1. 吹管乐

翁丁佤族吹管乐主要有葫芦笙、佤笛、比得利。葫芦笙是佤族节庆时打歌的主要伴奏乐器，是一种箫管类乐器。

吹奏时嘴含吹口吹气，气流通过进气口时进入发音孔，与发音孔的边棱摩擦产生音响，演奏方法与汉族的铜管芦笙相似。吹奏者为中青年男性，一般在节庆打歌跳舞时吹奏，每年节庆，翁丁男女老少都集中在寨中心广场上围圈跳舞。

2. 打击乐

翁丁佤族打击乐器由木鼓、象脚鼓、铓、钗组成。

在节庆打歌时木鼓最关键，鼓点节奏决定和统一着舞者的情绪和舞步，一拍一下掌握节奏，钗，以强音和碎片节奏调合气氛。三者融为一体，构成了佤族打击乐器的体系，具有浓郁的民族特色。每年农历二月，全寨村民身着节日的盛装，都上山拉木鼓树，男男女女数百人，分别拉着四根藤索，唱跳歌舞，声势浩大，威武壮观。伴随这些民俗活动，人们跳起《拉木鼓舞》、《剽牛舞》、《跳木鼓房舞》等以木鼓为主要伴奏乐器的舞蹈。

翁丁佤族能歌善舞，俗话说"饭养身，歌养心"，阿佤人对歌舞具有特殊的天赋以及丰富的想象力和创造力。无论田间地头、山间小路都能听到优美的歌声。

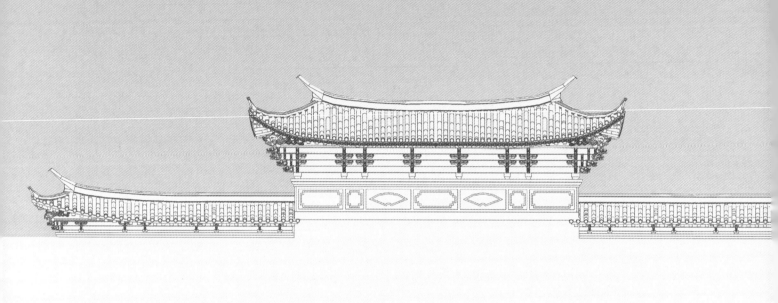

第 2 章

云贵少数民族地区典型民居及营建工艺调查

02

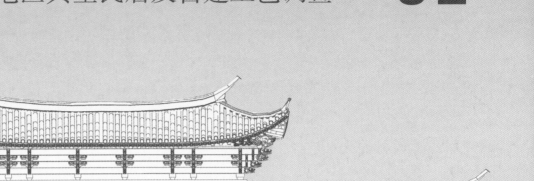

2.1 滇西南佤族、傣族传统民居特点及演变调查

云南省是我国少数民族最多的省份，五千人以上的少数民族有25个，而云南省的西南部地区由于地处中缅边境的高原山区，少数民族较多，且传统民居风貌保存也较为完好。

临沧市位于云南省西南部，共有23个少数民族，其中佤族和傣族共33.35万人，由于其民族历史较为悠久、文化传统较为独特、传统民居较为完好，作为本次调查的重点。由于生存环境和民族交流的原因，佤族和傣族在风俗习惯和传统民居样式上有很多相似之处，同时也各具特色。

随着时代的发展和社会的进步，人们对居住条件的要求也越来越高，尤其是交通的逐步便利，加快了该地区与外界的沟通和交流，再加上政府在村庄整治和建设上力度的加大，佤族和傣族的传统民居也在悄然发生着变化，更多的元素、材料、功能、样式等加入传统民居中。从历史和发展的角度看，这些变化是一种必然趋势和规律，但从传统民居保护和发展的角度看，这也是一把双刃剑，现实的问题和矛盾如得不到有效的解决，传统民居也会因此不再传统。

2.1.1 佤族、傣族传统民居典型特征与民族特点

滇西南地区的佤族和傣族的传统民居极为相似，他们世代生活在南方高原山区，相对封闭，气候温润，生产力很不发达，传统民居多为传统干阑式建筑，并就地取材，多用茅草、竹木等为材料，一般为茅草屋顶、木结构主体、木板或者竹子作为墙身，分上下两层，上层住人，下层饲养牲畜或堆放杂物。总体上看，傣族在该地区为较强势民族，也较为富裕，佤族受傣族影响较大，但由于民族特点和传统的不同，佤族和傣族的传统民居也有着各自的特点。

2.1.1.1 佤族传统民居典型特征与民族特点

传统的佤族部落长期过着刀耕火种、时常迁徙的生活，加之居民建筑材料就地取材、较易获得，因此佤族传统民居搭建很简单，往往每隔几年就要重建，且需要当天建成，否则将弃之不用，视为不吉。20世纪50年代后，佤族实现了由原始社会向阶级社会的过渡，社会经济也发生了较大的变化，其传统民居主要受到汉族和傣族的影响，受汉族影响地区一般为四壁着地的草木房（图2-1-1），也有少数的土壁草房或者瓦房，大部分佤族民居受傣族影响较大，使用茅草、竹子、木头、藤蔓等，整体构造为底层架空的干阑式建筑样式（图2-1-2）。

1

———

2

图2-1-1　佤族落地式传统民居

图2-1-2　佤族干阑式传统民居

佤族村寨一般建在背山朝阳的山坡上，当地材料的使用和独特的建筑形式使其对山地环境具有很强的适应性，不仅利于通风散热，还可以防潮防洪、抵御虫蛇等。佤族的茅草屋（图2-1-3）又被称为"孔明帽"，屋顶为茅草铺盖，由于受到风吹日晒雨淋，茅草易损，而整体翻新工程量又过大，因此一般每年仅对局部位置进行修补、填充，屋角装饰成交叉角，屋顶部分整体呈弧形，这种葫芦形与塔形的完美结合也是我国少数民族传统民居所独有的（图2-1-4）。

从民居类型上看，一般分为大型房屋、一般房屋和小型房屋，它们在外形和构造上无明显差异，主要表现为房屋大小和室内的功能用途上。除佤王府外，大型房屋在村寨中较少。一般房屋内部隔成两间，一间为主人的堂屋，一间为卧室。堂屋是佤族饮食、炊事的地方，内部的主要设施有火塘、碗橱、脸盆架、供神处等；小型房屋则较为简单，内部开敞无隔间，起居、祭祀、陈设等布局在四周。不管是何种类型的房屋，内部都有一个火塘（图2-1-5），自房屋建成起便常年不灭，寓意生生不息，一般用作烧饭、取暖、围坐聊天等，也是佤族房屋内部的一个典型特征。

此外，传统的佤族村寨由于祭祀等传统活动的需求也有许多独特的功能区域，如本次调研的翁丁村是典型的佤族传统村寨，传统聚落形态和民居保存十分完整，目前已发展为AAA级景区，主要的功能区域和构成要素有寨门、寨心、撒拉房、居民住居、人头桩、神林、墓地、谷仓、道路、排水沟、水池、打歌场、接待中心、博物馆、佤王府、木鼓房、观景台、公共厕所。其中属于翁丁村传统聚落空间的是寨门、寨心、居民住居、人头桩、神林、墓地、谷仓、道路、排水沟、水池。此处特别说明的是人头桩，据当地人讲，三国时期

图2-1-3　佤族传统民居茅草屋顶
图2-1-4　佤族民居典型屋顶形式

诸葛亮攻占此地，为了加强戍边，使这些佤族的部落产生矛盾、不相团结，故意发给当地人煮熟的种子，当年就颗粒无收，诸葛亮告知当地人这是因为你们没有用人头作为祭物，第二年则发给他们好种子，自然大获丰收，从此猎人头、人头祭祀和人头桩便流传了下来，成了佤族传统习俗。中华人民共和国成立后，猎人头自然被禁止，佤族便用牛头代替人头，由此牛头便成了佤族的代表符号和祭物（图2-1-6）。现在许多佤族现代式民居都会有牛头的标志，以此作为文化的传承和民族的辨识。

2.1.1.2 傣族传统民居典型特征与民族特点

相比于佤族，傣族普遍比较富裕，是该地区的强势民族，在生活方式、民居建造甚至是习俗上对其他少数民族都有很强的影响。在村寨选址上，不同于佤族选择在丛林山坡上等较为隐蔽的位置，傣族喜欢选择在山谷间的坝子（即高原上的局部平原）生活，靠近水源，这也源于傣族对水有一种特殊的感情、偏爱和信仰，一般种植油菜、水稻、香蕉、橡胶树、竹子等，土地平坦、肥沃、广袤，土地产出价值高，再加上傣族人自来就十分勤劳，自然比该地区其他居住在山上的少数民族富裕。实际上，在滇西南地区乃至整个云南省，坝区都是十分珍贵的，一般生活在坝区的都比较富裕，例如笔者走访的孟定镇与孟卡村都是典型的傣族聚居点，不仅生活条件优越，非物质文化遗产也极为丰富，当地传统的手工编织竹椅、手工造纸、祭河神、泼水节等传统手工艺和活动都保护得十分完好（图2-1-7、图2-1-8），传承人也得以代代相传。由于与外界交流较多，生活条件优越，该地区傣族的民居发展变化也很快，佤族民居大部分为一代和二代，而傣族则大部分发展到了二代到三代，在下一章中将详细阐述。

图2-1-5　民居内火塘形式

图2-1-6　佤寨牛头桩

傣族村寨除了上文谈到了选址在坝区、水源地外，还有三个十分典型的要素，即寨门、古树和佛寺（图2-1-9~图2-1-11），此三要素几乎是所有傣族村寨的共同点，也是区别于其他少数民族聚落的典型特征。寨门是界定村寨与外部空间的标志，也有辟邪、保安全之意；古树源于傣族的神树信仰，一般处于村寨显要位置；傣族信仰小乘佛教，佛寺是每个村寨最重要的公共场所，也是村寨中最庄严最华丽的建筑。

傣族传统民居以竹和木为主要材料，结构形式为典型的干阑式建筑，随着生活水平的提高，傣族正在逐步摒弃下层饲养牲畜的习惯，而是将村寨中的牲畜集中饲养，这样环境卫生就有了很大的改善。傣族民居的主色调为土黄色、蓝色和白色等色彩为主，与周边山水树林相互辉映，体现了傣族崇尚自然的和谐之美（图2-1-12）。

相比于佤族，傣族传统民居普遍较大，二层的前廊和晒台空间也较大，利用率也很高，一般是傣族人民生活劳动的重要空间，洗晒衣物、晾晒农作物、日常吃饭、堆放杂物、存储粮食、围坐聊天等，而佤族一般只作为交通空间，较少利用（图2-1-13、图2-1-14）。

傣族传统民居室内为前堂后室结构，前部为堂屋，一般的日常活动如做饭、吃饭都在这里完成，与佤族一样，傣族前堂内部也有火塘，不仅仅是烧饭、取暖用，也是一家人交流的中心。后部为卧室，傣族人习惯席地而卧，以幔帐相隔，对于傣族而言，卧室是最私密的空间，整个房间墙壁没有窗户，靠木板缝隙通风。

7		9	10
8		11	

图2-1-9　傣族寨门

图2-1-7　祭河神

图2-1-10　神树

图2-1-8　手工造纸

图2-1-11　傣族佛寺

图2-1-12　傣族民居

图2-1-13　傣族民居晒台

图2-1-14　傣族民居前廊

2.1.2 佤族、傣族传统民居演变路径及评价

滇西南地区佤族和傣族传统民居大致经历了20世纪80年代前传统民居、20世纪80年代后传统民居和21世纪初期后新民居等三个阶段的发展，每个阶段之间没有十分严格的界定和划分标准，也没有清晰的时代边界，目前三个阶段的民居在该地区处于共存状态，但受多种因素影响，局部地区也出现了协调一致的步伐。从辨别的角度看，大致可以从建筑材料、功能空间结构来予以区分；从民族的角度看，佤族发展相对落后，传统民居大部分为20世纪80年代前后传统民居，傣族则多数发展到了20世纪80年代后传统民居和21世纪初期后新民居；从发展的角度看，基本上是人民越富裕，民居发展的代层越高，反之则越低；从保护的角度看，代层越低，传统民居及其文化内涵保存得越好，反之则较差。

1. 20世纪80年代前传统民居

佤族和傣族最原始的干阑式建筑为依树而建，构木或竹为巢，人居其中，也称巢居，但这种建筑形式由于过于原始和久远，在当地已经消失。

佤族和傣族20世纪80年代前传统民居比较相似，都是典型的干阑式茅草建筑，以茅草做屋顶，上层住人，下层饲养牲畜或堆放杂物，内部功能布局也较为传统。不同之处为，佤族20世纪80年代前传统民居的主体结构为木制，以木为柱，以木板或者竹条为墙身，两侧或单侧为半圆形，正面和背面为方形，整体上呈现半方半圆的形态结构，民居为"一"字形平面，较为简单，这是佤族长期以来对"刀耕火种文化"适应的结果（图2-1-15）。而傣族20世纪80年代前传统民居为竹楼，主体结构为竹制，柱、梁、屋架及楼板、楼梯、墙壁等皆用竹子组成，屋顶也以竹做成的檩条支撑，上铺草排，屋顶两侧则是较为平整的三角面，平面组合和屋顶的搭接方式也复杂多样，前廊和晒台等功能也较为突出（图2-1-16）。

20世纪80年代前传统民居较完整地体现了佤族和傣族各自的民族特点，对保护和研究佤族、傣族传统民居和传统文化有着极其重要的作用。但由于建筑材料和建造技术的原因，20世纪80年代前传统民居都已经受损严重，居住舒适度也较差，由于下层饲养牲畜，导致环境质量和卫生条件也很差。

2. 20世纪80年代后传统民居

佤族和傣族的20世纪80年代传统后民居从外部形态、功能布局等方面与80年代前传统民居无明显差异，变化主要体现在建筑材料的使用上。

佤族和傣族20世纪80年代后传统民居最显著的变化是石棉瓦或彩钢板代替了茅草成了屋顶的主要材料，相比于茅草而言，石棉瓦和彩钢板密实的材料特性可有效地抵御风吹日晒雨淋，免去了由于茅草损耗带来的时常填补的麻烦。由于工匠技艺的提升和现代工具的

使用，木制支柱和板材变得更加坚实、整齐。20世纪80年代后民居仍以干阑式建筑为主，但正在逐渐摒弃下层饲养牲畜的习惯，因此环境卫生条件改善了很多，有些新建民居下层空间明显变小、层高降低，其传统使用功能正在日渐消失，部分居民将牲畜改在院子中饲养，有些村寨则集中在养殖场饲养（图2-1-17、图2-1-18）。

20世纪80年代后传统民居部分采用了现代建筑材料和建造技术，在一定程度上改善了居住条件，逐步摒弃下层饲养牲畜也改善了环境卫生条件。同时，民居的主体结构、外部形态、内部布局仍延续着第一代的特征，传统文

15	16
17	18

图2-1-15　佤族20世纪80年代前传统民居
图2-1-16　傣族20世纪80年代前传统民居
图2-1-17　佤族20世纪80年代后传统民居
图2-1-18　傣族20世纪80年代后传统民居

化也得到了有效的传承。

3. 21世纪初期后新民居

21世纪初期后佤族和傣族新民居，在于其乡土的建筑材料被钢筋混凝土、砖块等现代建材取代，失去了其就地取材的特点，传统的功能空间被现代功能取代，独特的要素如火塘等也不复存在，整体结构形态与现代住宅几乎没什么差异，失去了传统民居所承载和代表的文化内涵，传统的民族生活习惯也随之消失。多数新民居采用佤族和傣族传统的屋顶样式或是民族图腾作为装饰，如佤族的牛头和傣族的孔雀（吉祥鸟），仅可作为一种民族的辨识（见图2-1-19、图2-1-20）。

图2-1-19　佤族21世纪初期后新民居

单就民居发展来看，21世纪初期后新民居是社会发展的必然，是物质生活水平提高和民族文化交融的结果。21世纪初期后新民居的产生和发展极大地提高了佤族和傣族人民的生活质量，但同时也对传统民居的保护和发展带来了极大的冲击和挑战。

2.1.3 佤族、傣族传统民居保护与发展的现实困境

传统民居既要保护，又要发展，我们既不能把所有民居全部建成现代住宅，也不能不顾使用者需求的增长，不改善他们的生活环境和居住条件，这就决定了该项工作的复杂性、长远性和艰巨性。

1. 村民意愿与行政引导

整体上看，佤族人民普遍喜欢居住在较为传统的民居中，如翁丁村，大部分村民都不想搬到新建的民居中；而傣族人民则普遍喜欢居住在较为现代的新民居中，如孟定镇的几个傣族村寨，几乎全部为新民居，甚至出现了相互攀比

图2-1-20 傣族21世纪初期后新民居

的风气。两个民族的差别如此之大是由其民族特点、观念、生产力水平和富裕程度等因素决定的。

近年来，为了改善村民的居住条件和生活环境，当地地方政府加大了对危旧住房的改造力度，基本上是政府补贴大部分与居民自筹小部分相结合的形式，但当地的佤族普遍较为贫困，有些村民甚至两万元都难以筹集。部分佤族人民习惯住在传统民居中，而有些则希望住上新民居，再加上保护和旅游等因素的影响，结合村民意愿的行政引导就显得至关重要。

2. 乡土材料与生态保护

佤族和傣族的传统民居在建筑材料上最大的特点就是就地取材，完全使用乡土材料，这样做既方便、快捷，又省钱、省力，民居与环境也有了完美的融合，人与自然的和谐统一，体现了其原始的自然观。佤族和傣族使用最多的乡土材料就是茅草、竹子和木材，茅草和竹子虽然比较容易获得，但却不是民居建造的主要材料，随着民居的发展，茅草和竹子的使用也越来越少，最主要的材料还是木材，作为民居的主体结构材料，如支柱、墙身、楼梯、屋顶支撑等。然而，当地自然保护区众多，也是生态较为敏感地区，基于生态保护的要求，禁止私自砍伐树木，使用木材就不得不通过长途运输从外部购置，据当地人介绍，这样还不如使用水泥、砖块等材料省钱。因此，现在多数居民新建民居更倾向于使用现代建筑材料。

3. 功能需求与文化传承

社会在进步，生活水平在提高，人的需求也在不断地增长，对居住条件的要求自然也是越来越高，追求更坚固、更舒适、更安全的民居是历史发展的必然趋势和规律。在这个过程中，佤族和傣族与外界的交流日渐增多，这不仅表现在建筑材料和建造技术上，更有生活习惯和文化上的碰撞、交融甚至是同化。现代民居功能布局清晰、合理，居住舒适、安全、耐用，种种优点使得现代民居逐步被部分佤族和傣族人民所接受，然而现代民居却无法承载传统的生活习惯和文化，久而久之，佤族和傣族的传统文化便会在现代民居中消失。如何在保护传统文化的前提下满足使用者对功能的需求，使得传统民居保护与社会经济发展协调统一，是需要众多专家、学者、工匠、政府共同探讨和深入研究的课题。

2.2 云南大理地区白族民居营建工艺调查

云贵少数民族地区近几百年受大理王朝影响巨大。大理国定都大理，疆域大概是现在的云南省、贵州省、四川省西南部、缅甸北部地区，以及老挝与越南的少数地区，是中国宋代以"白蛮"（白族）为王室、"乌蛮"（彝族）为主体民族的少数民族联合政权。

在临沧地区传统村落调查过程中，发现一些传统村落中现存一些保存得比较好的民宅据传也是当年民宅主人从大理地区聘请工匠建造而成，如临沧市斗阁村何雨生故宅，原为斗阁何雨生家请剑川木匠所建，建造时间约为清末民初，距今一百多年，是汉式传统建筑和地域文化完美结合的典型代表（图2-2-1），由此可见，大理王朝和白族文化对周边地区的其他少数民族的村落、建筑、文化等各个方面都有着极大的影响。

聚居在大理平坝地区的白族人民建造着装饰精美的白族民居，白族传统民居素以整齐、庄重、轩昂、精致的特色，享誉全国。大理白族民居建筑主要以石头、木材和瓦为主要材料。当地有一民谚说："大理有三宝，石头砌墙不会倒"，指的就是白族民居建房时的特点是就地取材。白族民居以"坊"为单位，即三间或五间两层高的房子，最常见的是"三坊一照壁"，三开间两层高，以正房、耳房、厢房组合成固定模式的院落。还有"四合五天井"，就是四坊与它的耳房围合而成的院落，有五个天井。"三坊一照壁"与"四合五天井"组合的院落形式又称"六合同春"。

云南大理地区白族民居营建工艺的实地调研主要集中在原大理古国核心区喜洲、周城、沙溪等地。周城村有1500余户白族居民，是大理最大的白族村镇。喜洲距今有一千多年的历史，全镇共有明代、清代、民国时期以及当代各

图2-2-1　斗阁村何雨生故宅

个时期上百个院各具特色的白族民居建筑，相当于一座巨大的民居建筑博物馆。喜洲的白族民居建筑群落不但以古朴典雅、大方实用而著称于世，其精湛的雕刻工艺也独树一帜。还有位于中国云南剑川西南部的沙溪古镇，白族民居典型的"三坊一照壁"、"四合五天井"封闭式院落在这几个地方保存完整，多位工匠师傅居住在这里，非常有利于实地调研过程中寻访传统工匠，并对详细了解传统白族民居营建的准备、构架、形制、装修、装饰、工法、工具及其使用方法提供了很大的便利。

云南大理地区的白族传统民居数量繁多，历经沧桑，内容丰富，具有非凡的历史意义与很高的艺术价值。在如今经济飞速发展的进程中，由于现代社会的抨击以及汉文化、城市文化的快速融入，在旅游业的加速发展等条件的影响下，让很多传统白族民居不再"传统"，让很多传统工匠工法渐渐消失，大理古城内出现了很多仿造的民居建筑。在此次调查过程中，发现周城、喜洲、沙溪等古镇还保留着比较原始和传统的白族民居风貌与习俗，通过调研，对白族民居的营造技艺进行详细调查和深入了解。

2.2.1　形构

白族民居多是木构架合院建筑，常见抬梁式和穿斗式混合使用的结构形式，即山面梁架采用穿斗构架，中缝梁架采用抬梁构架。

建筑朝向：白族民居的建筑朝向与中原汉式建筑结构已经基本相同。建筑朝向不拘泥于南北取向，依据山脉走向而定位，大都取东西朝向。它的建筑选址背山面水，依山而建。

层数多为一层到两层，以坊为单位的平面组合形式有一房两耳型、两坊两耳型、三坊一照壁、四合五天井、组合式民居院落。

白族民居的标准院落：式样、尺寸固定（尺寸数里有6、8，代表有福有发）；材料不变（主要材料：石、泥土、木材、砖瓦）；受地形限制，房屋的形式不同（图2-2-2、图2-2-3）。

"三坊一照壁"：通常一个院落有两户人家，这两户人家可以是邻里关系，也可以是亲戚关系，在房屋的朝向选择上无等级关系，抓阄决定。房屋只有一个入口，在东北角。有主房和角房。必须有一个堂屋，堂屋具有会客的作用，堂屋两侧为卧室。角房可作伙房、厩房（即喂猪），若无牲口，则可住人（图2-2-4）。

"四合五天井"：无照壁，天井的作用是采光和排水等。

2.2.1.1　屋基

白族民居屋基包括了基础、台明、踏跺、柱础以及铺地。踏跺一般采用条石堆砌而成，属于自然踏跺。柱础形态丰富多样。不同的坊之间通过踏跺连接（图2-2-5~图2-2-9）。

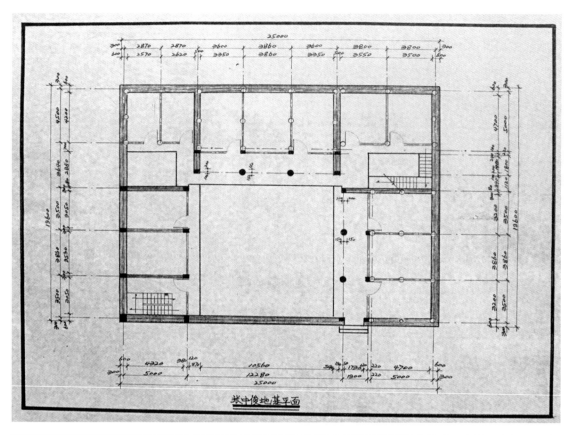

米中俊地基平面

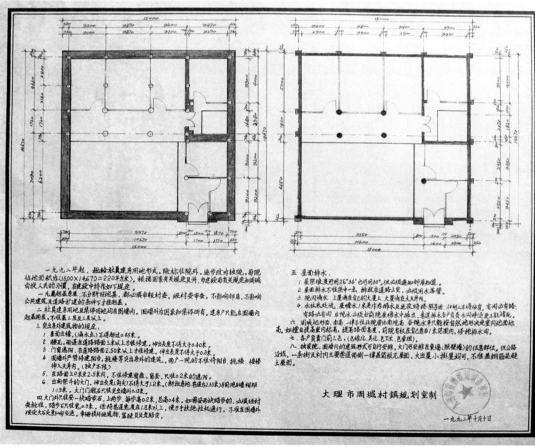

大理市周城村镇规划室制

一九九二年十月十日

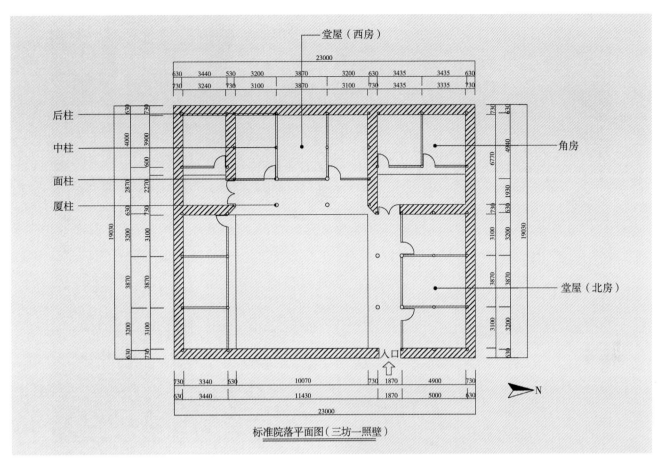

堂屋（西房）

后柱

中柱

面柱

厦柱

角房

堂屋（北房）

入口

N

标准院落平面图（三坊一照壁）

$\dfrac{2}{3}$

图2-2-2 "三坊一照壁"平面图
（图片来源：周城匠师提供）

图2-2-3 院落平面图标准
（图片来源：周城匠师提供）

$\dfrac{4}{\dfrac{5}{6}}$

图2-2-4 "三坊一照壁"平面图
（图片来源：自绘）

图2-2-5 地基
（图片来源：摄于沙溪）

图2-2-6 踏跺
（图片来源：摄于沙溪）

图2-2-7　柱础
　　（图片来源：摄于沙溪）

图2-2-8　柱础
　　（图片来源：摄于沙溪）

图2-2-9　铺地
　　（图片来源：摄于沙溪）

2.2.1.2　构架

白族民居一般为两层，梁架形式一般为每一枋三架五行，山墙面采用穿斗式，内部梁架采用穿斗式或抬梁式。木构架完成后，山墙面以及房架背面夯土墙封面。

白族合院民居平面方位及各构架名称：厦柱直径：大于6寸长，超出楼面一尺（一尺二寸）；（面）前柱直径：5～6寸；中柱直径：上6寸，下7寸（小头直径、大头直径）；后柱：40厘米左右；四方柱（与厦柱一排）：4～6寸；吊柱（楼上）：面柱前的柱离面柱相距40厘米，可加宽前加木栏杆，尺寸直径：20厘米×厚度不限（12厘米以上）（图2-2-10～图2-2-17）。

2.2.1.3　墙体

白族民居墙体类型一般有木板墙、土坯墙、夯土墙、土坯夯土混合墙以及竹编夹泥墙等。一般山墙及房屋背面采用土坯或夯土墙，室内隔墙用土坯墙，内部装修采用木板墙（图2-2-18～图2-2-22）。

2.2.1.4　装修

一般每枋的中间开间采用六合门，两侧开间的木板墙采用格子门或者板门。沙溪民居的窗包括了风窗（横披窗）、开扇窗、支摘窗、漏窗等形式（图2-2-23～图2-2-28）。

图2-2-10　平面方位及各缝构架名称
　　（图片来源：宾慧中.中国白族传统合院民居营建技艺研究[D].上海：同济大学.2006）

图2-2-11　构架
　　（图片来源：自绘）

图2-2-12　山墙面梁架
　　（图片来源：自绘）

图2-2-13　非山墙面两家（穿斗式）
　　（图片来源：自绘）

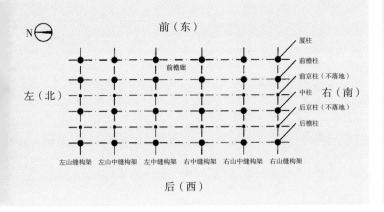

N

前（东）

厦柱
前檐柱
前京柱（不落地）
中柱 右（南）
后京柱（不落地）
后檐柱

左（北）

前檐廊

左山缝构架　左山中缝构架　左中缝构架　右中缝构架　右山中缝构架　右山缝构架

后（西）

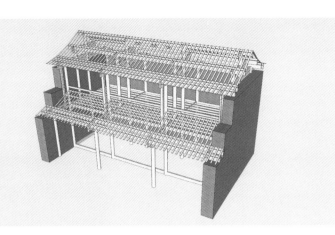

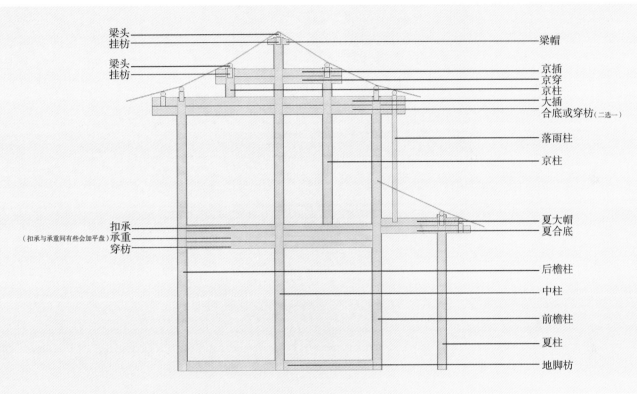

梁头
挂枋

梁头
挂枋

扣承
（扣承与承重间有些会加平盘）承重
穿枋

梁帽

京插
京穿
京柱
大插
合底或穿枋（二选一）

落雨柱

京柱

夏大帽
夏合底

后檐柱

中柱

前檐柱

夏柱

地脚枋

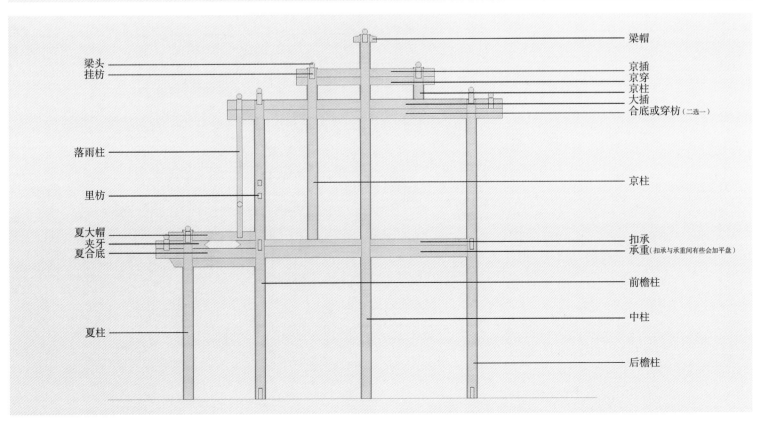

梁头
挂枋

落雨柱

里枋

夏大帽
夹牙
夏合底

夏柱

梁帽

京插
京穿
京柱
大插
合底或穿枋（二选一）

京柱

扣承
承重（扣承与承重间有些会加平盘）

前檐柱

中柱

后檐柱

图2-2-14　非山墙面梁架（抬梁式）
（图片来源：自绘）

图2-2-15　**大木构架**
（图片来源：自绘）

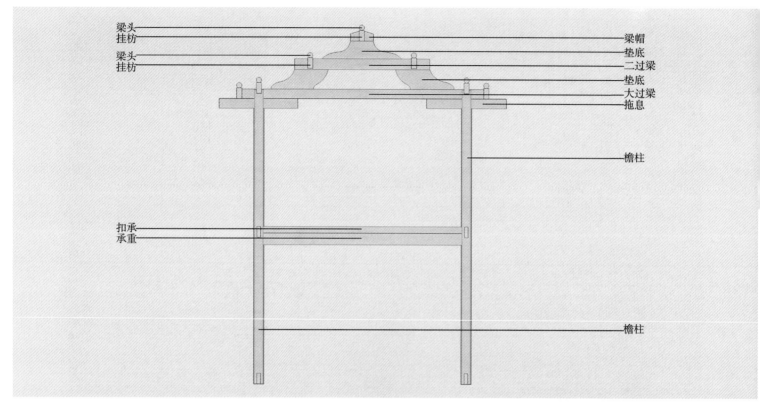

梁头
挂枋
梁头
挂枋

梁帽
垫底
二过梁
垫底
大过梁
拖息

檐柱

扣承
承重

檐柱

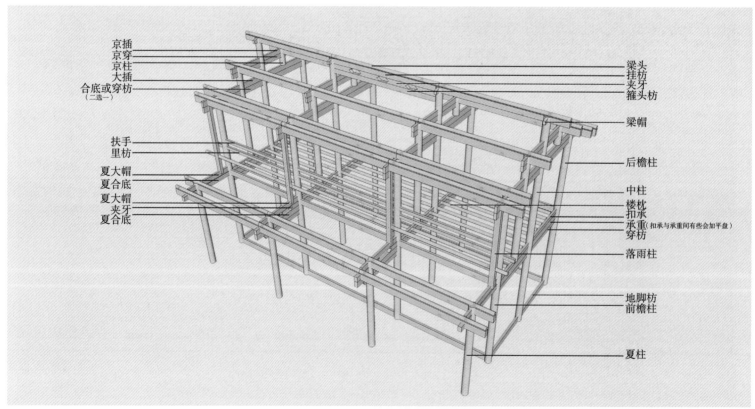

京插
京穿
京柱
大插
合底或穿枋
（二选一）

扶手
里枋
夏大帽
夏合底
夏大帽
夹牙
夏合底

梁头
挂枋
夹牙
箍头枋

梁帽

后檐柱

中柱
楼枕
扣承
承重（扣承与承重间有些会加平盘）
穿枋

落雨柱

地脚枋
前檐柱

夏柱

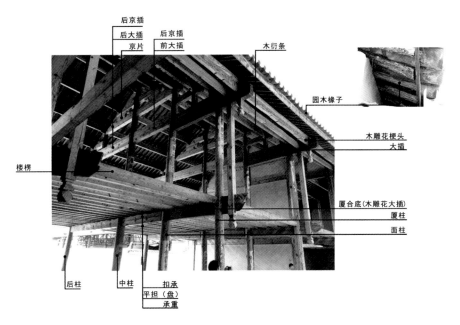

16
———
17
———
18

图2-2-16 构架
　　　（图片来源：摄于喜洲，自绘）

图2-2-17 构架
　　　（图片来源：摄于喜洲）

图2-2-18 土坯夯土混合墙
　　　（图片来源：摄于沙溪）

罩面

风窗

天头

地脚

2.2.1.5 屋顶

沙溪民居建筑一般为硬山屋顶，屋檐处有两种做法，即出檐和封火。出檐做法相对较为简单，封火做法可以起到防火的作用。沙溪民居屋脊一般采用清水脊。屋面材料一般为筒瓦屋面（图2-2-29、图2-2-30）。

2.2.1.6 规制与模数化

台基规制，沙溪传统白族民居地基深度没有定数，看土质及有无被水淹过而定。白族民居外围夯土墙位置需下挖墙基采用沟槽形式，内填块石和碎石。屋基中间部分需下挖至老土后再用素土夯实。主屋台基高度比两边高一尺多点，柱墩石高度一般为九寸左右，走廊外侧柱墩石一般高八寸左右。

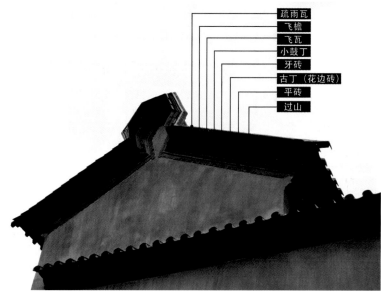

图2-2-29　屋顶出檐做法
（图片来源：摄于沙溪）

图2-2-30　屋顶封火做法
（图片来源：摄于沙溪）

第2章
云贵少数民族地区典型民居及营建工艺调查

构架规制，传统白族民居合院形制为三坊一照壁的形式，层数为一至二层，传统民居层高通常一层为九尺，二层为八尺，构架形式以四榀三间为多，房屋进深视地基情况而定，房屋开间中间房间要比两侧宽一尺，木构架的构件尺寸尾数多落到"八"上求吉。做柱子之前木材需弹十六瓣线取圆，柱径一般要求"七头八底"，就是柱子头部直径要求至少七寸，底部直径要求至少八寸。

屋顶举折、升起比例，沙溪传统白族民居屋顶屋面坡度一般做五分水（26°34′）。

墙身规制，沙溪地区外墙一般用夯土墙，室内墙体用土坯砖砌墙，这是因为夯土墙太厚占位置，做薄又不稳。夯土墙高5～6米，墙下石基高度按经济条件和基础情况来定，一般做到1.2～1.8之间，夯土墙底部宽65厘米，每升高1米宽度减1.5～2厘米，这样做的目的是为了增加抗震性能。夯土墙上部与木构架及屋顶相接的部分用土坯砖砌筑，柱子靠夯土墙的内侧不在中间是为了不破坏夯土墙的结构性能。夯土墙为分层夯筑一般50厘米左右一层，用夹石土夯筑，每层上铺一层竹条，土放10厘米就夯实一次，一般填15厘米的土夯成10厘米厚。照壁一般4米左右高，分为斗栱照壁和普通照壁两种。

2.2.2　工匠

白族派系的工匠总的分为木匠和泥水匠，泥水匠是木匠的师傅。在建房时，要先请泥水匠砌石脚，夯土墙。预留下木的位置，木匠才来立柱，最后是画匠来做彩绘。家庭经济条件不好的，隔三年五年木匠都可来做。匠师们的队伍通常是由父子、兄弟和邻里亲朋好友组成的，匠中的掌门师主要负责尺寸把关。施工队伍的契约形式是口头约定，报酬支付形式为现金，它的计算形式是以工程的量为单位结算。

2.2.3　材料

大理白族民居建筑主要以石头、木材和瓦为主要材料。

1. 木

多为苦松，产自云南当地，木质坚硬、树形较直，用于制作房屋结构的整体木构架以及部分装修，过去材料表面未髹漆，现在多刷清漆。通过砍锛使木料去皮、平整的做法称为"平木粗加工。"（图2-2-31）。

2. 砖

砖材使用当地黄土混合灰色颜料后再进行烧制，用于装饰照壁、屋檐（其中青砖也用于砌筑大门）。

土坯砖：当地黄土加碎石混合用于砌筑建筑外墙、牲口棚，表面一般没有粉刷（图2-2-32、

图2-2-33）。

3. 瓦

过去一般是瓦工自制当地黄土混合灰色颜料再进行烧制（图2-2-34～图2-2-36）。

4. 石

青石：一般是当地购买物用来做柱盘石、地基、地铺，工匠直接在地基处加工柱盘石，不另外设置加工点。质地较坚硬，不易沙化。

红砂石：过去建筑使用较多，但容易风化，现在多被青石代替用做柱础、台基、大门、院落中的凳子花坛等（图2-2-37）。

5. 土

夯土墙：材料采用当地采挖带石块黄土加竹筋（选择3寸粗的青竹，在夯做夯土墙时同时加入整根或破开的竹子），夯筑完成后在外墙面粉刷三次，分

31	
32	33

图2-2-31　苦松
（图片来源：摄于沙溪）

图2-2-32　青砖
（图片来源：摄于沙溪）

图2-2-33　土坯砖
（图片来源：摄于沙溪）

34	35	36
	37	

图2-2-34　**板瓦**
（图片来源：摄于沙溪）

图2-2-35　**板瓦**
（图片来源：摄于沙溪）

图2-2-36　**瓦当**
（图片来源：摄于沙溪）

图2-2-37　**柱盘石**
（图片来源：摄于沙溪）

别称为粗粉、细粉、刷白灰。材料均为土、稻草或茅草草筋、水混合，细粉时土应用筛子筛细后使用，刷白灰使用的是当地牛皮灰。

6. 灰浆（瓦件粘接材料）

石灰浆与稻草混合。

2.2.4　工具

2.2.4.1　木作工具

白族师傅使用的木作加工工具以传统手工工具为主，所使用的工具基本是自制工具，一般会从铁匠师傅那定制刀具、锯片，安装在自己加工制作的木构件上成为所需要的切割、刨削工具，或是用木料或竹料经过雕刻制作成简易的测量、辅助工具。

1. 平木工具

名称	尺寸及外观	作用	使用方法	图片
长刨	470毫米 × 260毫米 × 50毫米	精加工工具,将木料刨出基本形,或刨出有特殊需求的木料		
中刨	360毫米 × 250毫米 × 50毫米			
槽刨	260毫米 × 60毫米 × 40毫米	用来在木料上刨出凹槽或凸槽		
边刨	尺寸有几种类型	用来刨一些特殊的凹凸线脚		

2. 解木工具

名称	尺寸及外观	作用	使用方法	图片
大框锯	950毫米 × 400毫米	用来解锯直木料	框架可两人拉锯,也可单人操作。拉锯是需要上下来回推拉使力	
中框锯	700毫米 × 370毫米	用来解锯直木料		
小框锯	620毫米 × 300毫米	解锯木料,可锯木料所需弧度	框架可两人拉锯,也可单人操作。拉锯是需要上下来回推拉使力	

名称	尺寸及外观	作用	使用方法	图片
斧头	有大中小三种类型	用于砍削木料，也在凿榫眼时用作敲打工具	根据使力的大小不同，用斧子的侧面或背面敲击凿子	

3. 穿剃工具

名称	尺寸及外观	作用	使用方法	图片
圆凿	370毫米×40毫米			
斜凿	370毫米×30毫米			
铲凿	370毫米×50毫米			

4. 测量定向工具

名称	尺寸及外观	作用	使用方法	图片
五尺杆	1750毫米×25毫米×25毫米	丈量地基、量画木料的大尺度墨线时使用		
套榫板	尺寸有几种类型	与曲尺配合使用，将卯口尺寸讨退出来，再放样到木料端部制作榫头	用套榫板将尺寸放样到要制作榫头的木料上，画出榫头墨线，根据墨线砍料加工榫头	

名称	尺寸及外观	作用	使用方法	图片
直角角尺	290毫米×350毫米	用于在木料上画出垂直的线条		
活动角尺	500毫米×350毫米	用于在木料上画出不同角度的线条		

5. 辅助工具

名称	尺寸及外观	作用	使用方法	图片
墨斗	墨斗由墨斗架、墨盒、手摇线轴、线坠组成，形式多样，造型各异	墨斗是木匠弹画墨线所需的工具		
画签	竹子削成薄片制作而成。长度不定，下端约为2厘米	画墨线用的墨笔		
三角木马	由两根长尺的圆木开十字卡腰榫，圆木上下相交呈斜向	锯、刨木料时用来搁置木料的辅助构架，需要成对使用		
夹剪	200毫米×12毫米	起固定作用，使木料在推刨受力时稳定不移位		
磨石	尺寸有几种类型	用来磨砺斧头、刨刀、凿刀镑刀等大木加工工具的刀头	将需要打磨的工具平放在磨石上，然后将刀口或斧口在磨石上不停摩擦，使其锋利	
锉刀	200毫米×20毫米	用来修磨变钝的锯齿，需要一齿一齿地对锯片进行打磨		

名称	尺寸及外观	作用	使用方法	图片
锤子	670毫米×300毫米×170毫米	穿架、立木时敲击木料的特殊工具		
刷子	250毫米×100毫米			
榔头				

2.2.4.2 瓦作工具

名称	尺寸及外观	作用	使用方法	图片
灰板	280毫米×160毫米	用于盛放灰浆		
瓦刀	400毫米×100毫米	用于宓瓦或修补屋面时的瓦面夹垄和裹垄后的赶轧		
鸭嘴	290毫米×60毫米	用于勾抹普通抹子不便操作的狭小处		
抹子	250毫米×100毫米	用于墙面抹灰、屋顶苫背、筒瓦裹垄		

2.2.4.3 砖作工具

1. 砌墙工具

名称	尺寸及外观	作用	使用方法	图片
瓦刀	400毫米×100毫米	砌砖的工具，用于宽瓦或修补屋面时的瓦面夹垄和裹垄后的赶轧		

2. 涂抹工具

名称	尺寸及外观	作用	使用方法	图片
灰板	280毫米×160毫米	用于盛放灰浆		
抹子	250毫米×100毫米	用于墙面抹灰、屋顶苫背、筒瓦裹垄		
鸭嘴	290毫米×60毫米	用于勾抹普通抹子不便操作的狭小处		

3. 加工工具

名称	尺寸及外观	作用	使用方法	图片
斧子	有大中小三种类型（430毫米×130毫米，380毫米×120毫米，330毫米×130毫米）	用于砖表面的铲平和砍去侧面多余的部分		
土砖模子	400毫米×220毫米×120毫米	用于制作土砖		

2.2.4.4 石作工具

1. 开采工具

名称	尺寸及外观	作用	使用方法	图片
大锤	按重量分为5千克、6千克、7千克、8千克四种。锤头矩形或八角形，有一根长1米的手柄	用于开采石料		
钢錾	直径20～25毫米，长150～200毫米。有两种：一种工作端微尖锥形，用于打钢楔孔的中上部；另一种其工作端为扁锥形，其锥口较为扁长，俗称"钎底"	用于凿打钢楔孔的底部与附近的孔壁	打楔孔时，应先用尖锥形者，后用扁锥形者	

2. 加工工具

名称	尺寸及外观	作用	使用方法	图片
斧子	斧子尺寸有三种（430毫米×130毫米，380毫米×120毫米，330毫米×130毫米）	用于石料表面的剁斧（占斧）工序的操作		
锤子	290毫米×130毫米×40毫米	锤子用于打击錾子或扁子等，主要用于敲打不平的石料，使其平整		
刀子	尺寸有很多种类，大小不同	用于石头上雕刻花纹		

3. 量化工具

名称	尺寸及外观	作用	使用方法	图片
线坠	由木块和锥形铁块组成，两者由绳子连接。木块尺寸约190毫米×30毫米	用于测量石块是否垂直		
墨斗	墨斗由墨斗架、墨盒、手摇线轴、线坠组成，形式多样，造型各异	墨斗是石匠弹画墨线所需的工具		

2.2.4.5 土作工具

1. 夯土工具

名称	尺寸及外观	作用	使用方法	图片
铁锹	分为平尖两种类型，平尺寸约为1200毫米×230毫米，尖尺寸约为1300毫米×230毫米	起砂、土的工具	用脚将铁锹踩入土中起土	
镐	尺寸约为900毫米×490毫米	刨土用的工具		

名称	尺寸及外观	作用	使用方法	图片
筛子	是一种竹编工具，尺寸约为400毫米×100毫米	是小的颗粒土通过筛子筛出去		

2. 版筑工具

名称	尺寸及外观	作用	使用方法	图片
打墙板	白族称墙墼，尺寸约为1860毫米×130毫米	用于敲打墙面，使其平整		
扁担	长度为1100毫米，为木质或竹制长条状结构	用于搬运		

3. 土坯工具

名称	尺寸及外观	作用	使用方法	图片
铁锹	分为平尖两种类型，平尺寸约为1200毫米×230毫米，尖尺寸约为1300毫米×230毫米	起砂、土的工具	用脚将铁锹踩入土中起土	

2.2.4.6　油漆彩画工具

白族以传统方法绘制油漆彩画几乎已经销声匿迹了，现在人们大多使用丙烯和排笔来绘制，并配合其他工具使用。

名称	尺寸及外观	作用	使用方法	图片
白云笔	约为90毫米			
勾线笔	约为110毫米	用于彩画勾线		
狼毫	约为110毫米			
排笔	约为130毫米	画彩画的主要用笔，用于大面积填充色块		
刷子	约为80毫米	刷矾水用		

2.2.5　工序

2.2.5.1　动土平基

建房之前，屋主请地理先生与大木匠师一起择址定向，之后请石匠做地基，包括挖墙基、放置柱墩石、砌台基等（图2-2-38、图2-2-39）。

2.2.5.2　大木构架加工

基础做好之后就请大木匠设计和做屋架，部分需要雕花的大木构件需要大木作师傅加工好构件尺寸后另外请雕花师傅画图样雕刻，所有的大木构件都需要在立架之前做好。泥水匠夯筑墙体（图2-2-40～图2-2-43）。

38	39	40	41
42	43	44	45
46			

图2-2-38　动土平基
（图片来源：摄于沙溪）

图2-2-39　动土平基
（图片来源：摄于沙溪）

图2-2-40　画线
（图片来源：摄于沙溪）

图2-2-41　画线
（图片来源：摄于沙溪）

图2-2-42　加工
（图片来源：摄于沙溪）

图2-2-43　画线
（图片来源：摄于沙溪）

图2-2-44　瓦屋面铺设
（图片来源：摄于沙溪）

图2-2-45　瓦屋面铺设
（图片来源：摄于沙溪）

图2-2-46　瓦屋面铺设
（图片来源：摄于沙溪）

2.2.5.3　屋面铺设

屋架立好后请泥水匠来铺设屋面（图2-2-44～图2-2-46）。

2.2.5.4　砌墙

屋顶改好后泥水匠师傅开始夯筑外墙。外墙大部分用夯筑，上部与屋顶或构架相接的不好夯筑的部位用土坯砖砌筑。也有部分人家是先筑好墙壁后再做木构架（图2-2-47、图2-2-48）。

2.2.5.5　装修

外墙夯筑好之后就可以开始装修了，装修包括做门窗、楼梯、楼板、前檐下的木板墙等（图2-2-49、图2-2-50）。

2.2.6　工法

2.2.6.1　屋基

屋基形式及整体制作步骤：

首先，打地基，做墙下基础。挖屋基必须挖到老土，并以带石头的硬质地面为准。一般深度是在1～1.2米，宽度在0.8米（依具体情况而定，如两层高的民居基坑可达1.5～2米，底宽1～2米不等）。

其次，柱基用毛石打底（在新中国成立前，所用的粘接材料为泥土；在近代，所用粘接材料为石灰；现代则是混凝土），与地面持平，上放柱盘，再放柱墩。石墙墙基高度超出地面1米左右，再塑夯土墙。

再次，铺砌外沿石，下为碎毛石或者方整石（经济条件差的用碎毛石，条件好的用方整石），高度为60厘米左右，通过填土、填

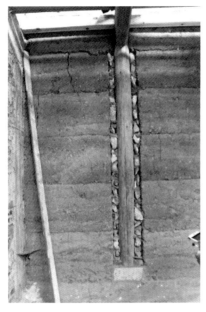

石、填混凝土找平，做好台明。

最后是铺地，在新中国成立前，室内铺地填泥土；在近代，铺设石材；现代铺设地砖。室外铺地是用方整毛石拼铺（图2-2-51~图2-2-55）。

2.2.6.2 墙体

白族传统民居墙基处理方式：墙基底宽1.2米，地基深度为1.5米，用方整毛石罢底，一个石头大致是30厘米左右，不得大于40厘米。并用泥浆作为填充固定基石（20世纪70年代以后用石灰，现在是用水泥砂浆）。然后逐渐往上收，收台不得大于17厘米，冒出地面石头墙体高（石墙、土墙都是）73厘米，上竖柱。腰线石要突出墙面2~3厘米。经济困难的就只能用砖。夯土墙有个标准：收外面，墙内直，见尺收分，一尺收一分（百分之一）；先立木再填土，土吃木，稳定性好（图2-2-56、图2-2-57）。

47	48
49	50

图2-2-47　**砌墙**
（图片来源：摄于沙溪）

图2-2-48　**砌墙**
（图片来源：摄于沙溪）

图2-2-49　**门窗装修**
（图片来源：摄于沙溪）

图2-2-50　**门窗装修**
（图片来源：摄于沙溪）

图2-2-51　基础
　　（图片来源：摄于沙溪）

图2-2-52　柱基
　　（图片来源：摄于沙溪）

图2-2-53　基础
　　（图片来源：摄于沙溪）

图2-2-54　台明
　　（图片来源：摄于周城）

图2-2-55　铺地
　　（图片来源：摄于周城）

51	52	53
	54	55

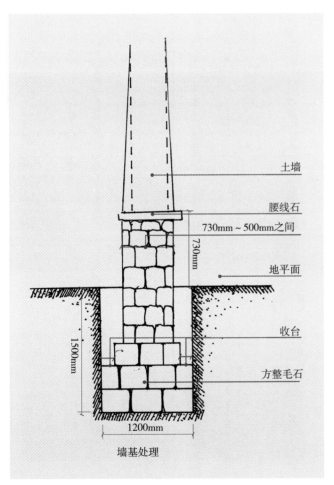

土墙

腰线石

730mm～500mm之间

730mm

地平面

收台

方整毛石

1500mm

1200mm

墙基处理

56	57

图2-2-56　墙基
　　（图片来源：自绘）

图2-2-57　腰线石

夯土墙工艺方法：

夯土墙：墙基底宽2尺，顶宽1尺6寸。首先绑扎墙夹板，竖立两块夹板，夹板之间用一个2尺的木棍界定出土墙的厚度，墙夹板外侧和下端要用木料或石头进行支撑稳固，保证墙夹板不会在夯土的过程中松动，影响墙体的密实度。其次加墙筋（带刺藤蔓或者竹子），每一版夯土墙之间要放两三根藤蔓或者竹子作为泥墙之间的墙筋，长度相同于一版土墙的长度，每版夯土墙的墙筋要错开，使之更加牢固。再次注入夯土，注入夯土的同时用墙槌反复槌打泥土，尽可能使夯土墙更加密实牢固。最后用土加稻草刷外墙装饰（图2-2-58～图2-2-60）。

2.2.6.3 构架

1. 檐柱

先将刨好做檐柱的木料放平架起支稳，在它的两端用角尺、墨斗画垂直平分的迎头十字中线，在保证两端中线必须平行的基础上，就可以在柱料的长身上弹迎头中线。

然后选出做正面、里面、侧面的位置，这三个面的位置是由柱料每一面的好坏程度所决定的，最好的面一般会朝外。

接下来，在侧面的中线上用柱高丈杆绘出柱头、柱脚、管脚榫、馒头榫以及梁与枋卯口的位置。依据柱头与柱脚的位置，确定好升线的位置并在柱子上弹出。升线的下端置于中柱头中线里侧，上端与中线重合。进行到现在这一步就可得到檐柱侧脚的尺寸了，即升线与中线之间的距离。弹出升线后并以它为准，用画扦围画柱头和柱根线（引用）。柱头、柱脚要与升线垂直，因为有侧脚的柱头按百分之一的斜度往内侧倾斜，柱子侧面的升线与地面是垂直的，所以柱头与柱脚必须垂直于升线才可保持水平。

最后，在柱子上画出卯眼线。檐柱的两侧均有檐枋枋子口，进深方向处有穿插枋眼。画枋子眼时，是以垂直地面的升线为口子中线来画的，以保证枋子与地面垂直。

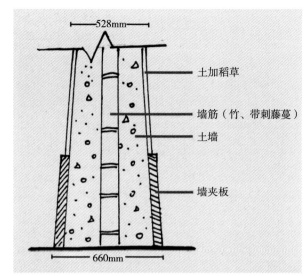

58

59

60

图2-2-58　土墙

（图片来源：自绘）

图2-2-59　土墙

（图片来源：摄于沙溪）

图2-2-60　土墙

（图片来源：摄于沙溪）

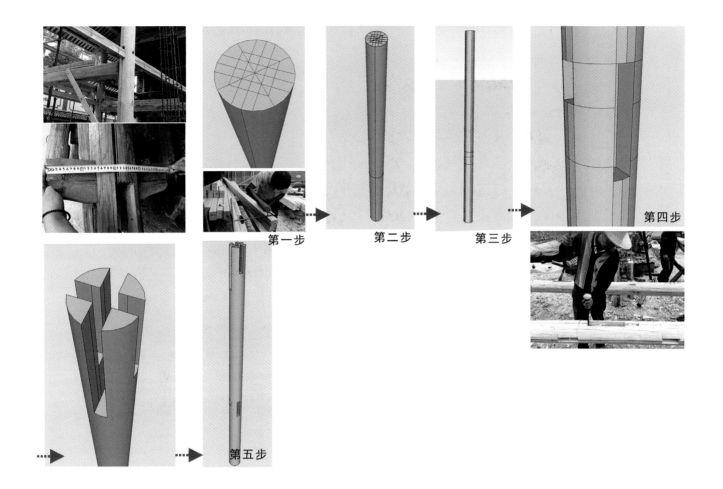

第一步　　　第二步　　　第三步　　　第四步

第五步

2. 金柱（京柱）

先用角尺、墨斗画垂直平分的迎头十字中线，并在柱子长身方向弹出四面中线，在中线上根据丈杆的尺寸绘出柱头、柱脚、上下榫及枋子口、挑梁卯眼、穿插枋卯眼的位置。应注意卯眼的方向（图2-2-61、图2-2-62）。

3. 挡板

在备好的木料两端画迎头十字中线，然后在木料长身的面弹出中线，在中线上根据标准尺寸等分，确定出卯口的位置（图2-2-63）。

4. 椽子

在柱子两端画迎头十字中线，以中点为基准所做出的榫头应对应于挡板的卯口，形成咬合关系（图2-2-64）。

5. 大过梁

在梁的两端画中线，然后根据垫板高度和梁头高度画出水平线和抬头线。将它们分别弹在梁身上。再弹出梁底面和侧面的滚楞线，滚楞是大木构件四周的圆楞，方便美观。再标出梁头及各步架的中线，画出梁头外端线，除了一檩径长的梁头，其余的部分截去（图2-2-65）。

61
——
62

图2-2-61　**檐柱、京柱**
　　（图片来源：自绘，摄于沙溪）

图2-2-62　**卯眼墨线**
　　（图片来源：摄于沙溪）

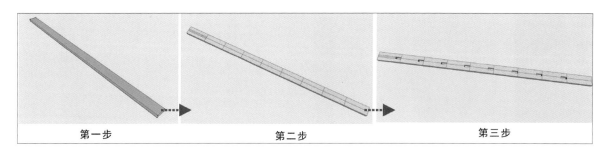

第一步　　　　　　　第二步　　　　　　　第三步

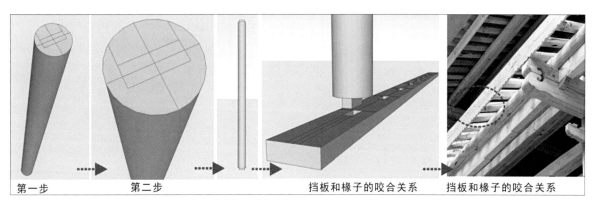

第一步　　　第二步　　　　　挡板和椽子的咬合关系　　挡板和椽子的咬合关系

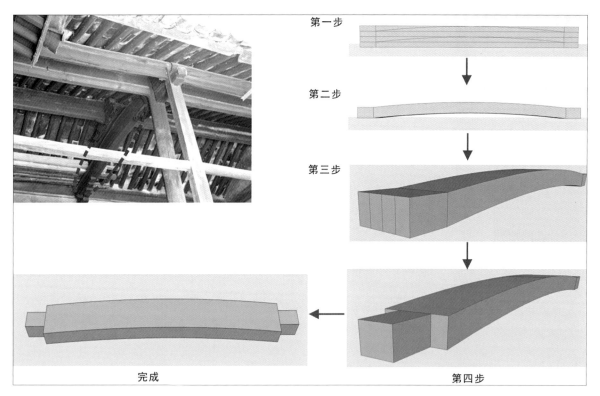

第一步

第二步

第三步

第四步

完成

63
图2-2-63　挡板
（图片来源：自绘）

64
图2-2-64　椽子
（图片来源：自绘，摄于喜洲）

65
图2-2-65　大过梁
（图片来源：自绘，摄于喜洲）

图2-2-66 **前大插**
（图片来源：自绘，摄于喜洲）

图2-2-67 **扣承**
（图片来源：自绘，摄于沙溪）

6. **前大插**（图2-2-66）

7. **扣承**

先将木料根据尺寸要求加工成板状，画板料长身的四面中线并等分中线，根据丈杆尺寸确定出长身最宽的两个面的卯口位置，要注意卯眼的方向（图2-2-67）。

8. **楼楞**

先将木料根据尺寸要求进行加工，在长身方向画出四面中线，根据丈杆尺寸在木料的两端确定出榫头的位置（图2-2-68、图2-2-69）。

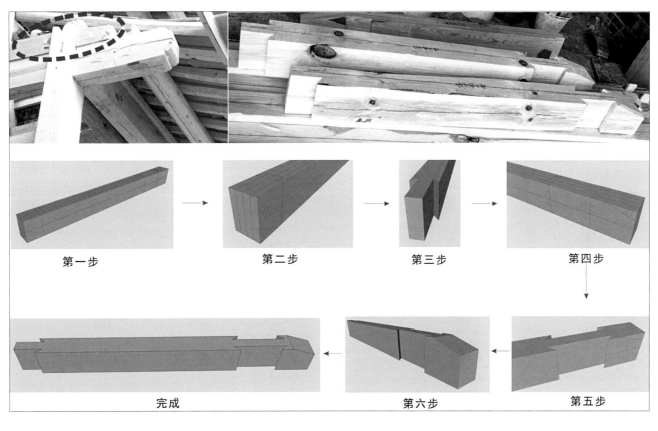

第一步 → 第二步 → 第三步 → 第四步

完成 ← 第六步 ← 第五步

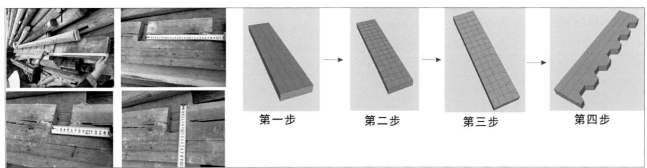

第一步 → 第二步 → 第三步 → 第四步

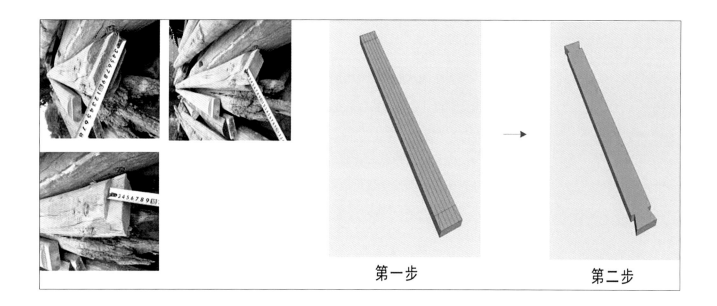

第一步　　　　　　　第二步

68 　　　图2-2-68　**楼楞**
　　　　　　　（图片来源：自绘，摄于沙溪）

69 　　　图2-2-69　**扣承与楼楞、立柱的咬合关系**
　　　　　　　（图片来源：自绘，摄于喜洲）

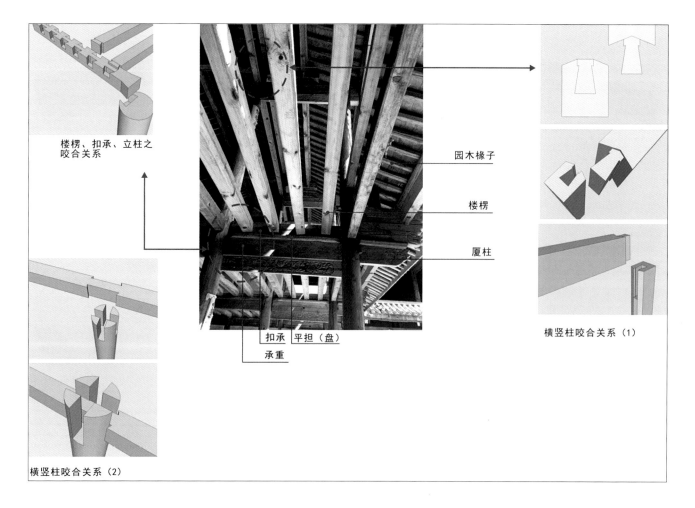

楼楞、扣承、立柱之咬合关系

楼楞、扣承、立柱之咬合关系

园木椽子

楼楞

厦柱

扣承　平担（盘）

承重

横竖柱咬合关系（1）

横竖柱咬合关系（2）

2.2.6.4 装修

1. 门窗制作过程

先建立大框架，把主要的门框窗框建立起来后，接下来就是通过加工组件丰富细节，由下往上的顺序进行拼接，依次是虚龙罩、窗户、风窗、门、门上窗（图2-2-70）。

2. 楼梯工法制作过程（图2-2-71）

2.2.6.5 屋顶

1. 做脊

一种是喜鹊尾巴，又名"罩子鸡"，用筒瓦和勾头瓦加工，用板瓦切割部

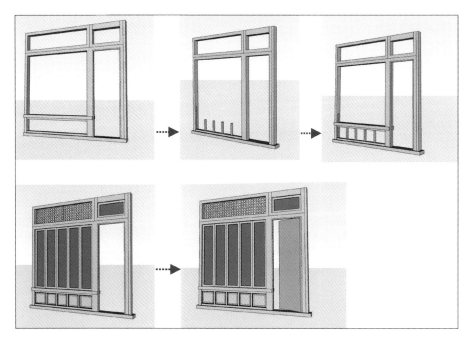

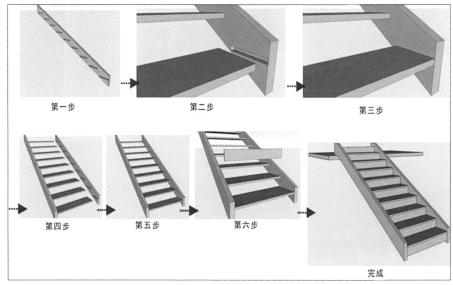

第一步　　　第二步　　　第三步

第四步　　　第五步　　　第六步

完成

图2-2-70　**门窗的制作**
（图片来源：自绘）

图2-2-71　**楼梯的制作**
（图片来源：自绘）

分撑起，飞起的角度依据经验来定。另一种是圆头挑檐石，又名"飞虎石"，又名飞檐石，80厘米宽，三角形的一侧放置在墙上，四边形一侧挑出去要大于或等于20厘米。

2. 铺设瓦材

在铺瓦之前先检查瓦块，不能破裂，不能变形，不能扭曲。铺瓦时要将板瓦做底瓦并按照由下到上的顺序依次平整铺放，板瓦置于相邻的椽条间，搭接时窄头朝下，宽头朝上。在铺瓦的工艺中，铺设面瓦时，第一块瓦搭口第二块的三分之一处。此为双层瓦的铺设方法，单层瓦省略将底瓦平整铺放这一步（铺单层瓦或者双层瓦要依据家庭条件而定）。最下端的瓦伸出封檐板100毫米。筒瓦搭于相邻的板瓦间，筒瓦要按照窄头朝上，从下往上的顺序放置，上面的筒瓦应压住下面筒瓦的窄头。云南传统屋顶的坡度较缓，屋顶角度为5分水（约26°34'）。瓦灰中的泥胶料，既可以是素泥，也可以是掺灰泥，泥中掺杂稻草或者麦秆等，最好是全石灰，这样就可以避免屋顶长草。板瓦与板瓦最短边接缝处叫"对头灰"，最长边接缝处叫"鱼刺灰"。在底瓦与面瓦之间的接缝叫"拼灰"，筒瓦与板瓦之间填泥封口的叫泥码。所有筒瓦的边用石灰勾缝（图2-2-72～图2-2-75）。

图2-2-72　瓦的名称
（图片来源：摄于沙溪）

勾头瓦

挑檐石（又称飞虎石）

板瓦

筒瓦

图2-2-73　勾头瓦
（图片来源：摄于喜洲）

图2-2-74　瓦的搭接
（图片来源：自绘，摄于喜洲）

图2-2-25　瓦的搭接
（图片来源：自绘，摄于喜洲）

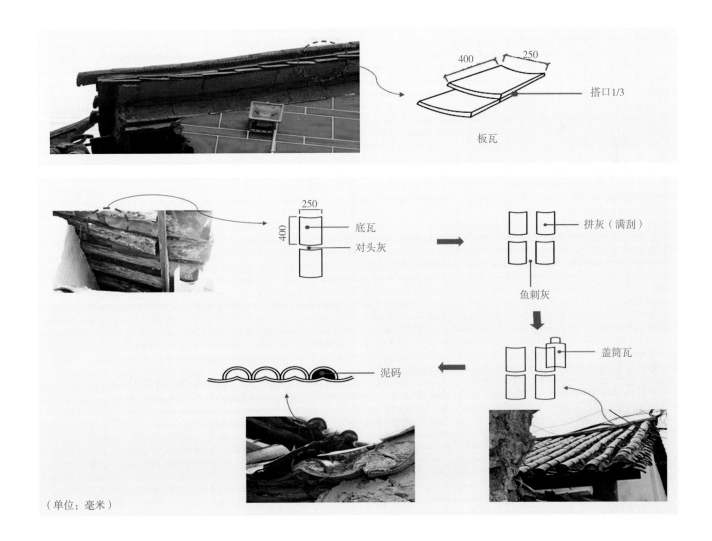

400　250
搭口1/3
板瓦

250
400
底瓦
对头灰

拼灰（满刮）
鱼刺灰

盖筒瓦

泥码

（单位：毫米）

2.2.7 装饰

白族一切建筑,包括普通民居,都离不开精美的雕刻、绘画装饰。木雕多用于建筑物的格子门、横披、板裾、要头、吊柱等部分。卷草、飞龙、蝙蝠、玉兔各种动植物图案造型千变万化,运用自如。更有不少带象征意义的,如"金狮吊绣球"、"麒麟望芭蕉"、"丹凤含珠"、"秋菊太平"等情趣盎然的图案作品。

白族木雕巧匠们还特别擅长玲珑剔透的三至五层"透漏雕",多层次的山水人物、花鸟虫鱼都表现得栩栩如生。"粉墙画壁"也是白族建筑装饰的一大特色。墙体的砖柱和贴砖都刷灰勾缝,墙心粉白,檐口彩画宽窄不同,饰有色彩相间的装饰带。以各种几何图形布置"花空"作花鸟、山水、书法等文人字画,表现出一种清新雅致的情趣。富于装饰的门楼可以说明白族建筑图案的一个综合表现。一般都采用殿阁造型,飞檐串角,再以泥塑、木雕、彩画、石刻、大理石屏、凸花青砖等组合成丰富多彩的立体图案,显得富丽堂皇,又不失古朴大方的整体风格。

2.2.7.1 屋基

1. 柱墩

装饰纹样有器物、动植物和汉字纹样,呈上下左右对称。例如水波云纹(得祥云之神气、祈求风调雨顺)。"意"字代表吉祥如意、亦儒亦雅(图2-2-76)。

2. 铺地

云南剑川县沙溪古镇白族民居铺地以六角边形状为主(图2-2-77)。

图2-2-76 **柱墩**
(图片来源:摄于沙溪)

图2-2-77 **铺地**
(图片来源:摄于沙溪)

78

79

80

图2-2-78 **照壁**
(图片来源：摄于沙溪)

图2-2-79 **屋脊**
(图片来源：摄于沙溪)

图2-2-80 **瓦当、瓦片**
(图片来源：摄于沙溪)

2.2.7.2 墙体

照壁，白族民居的照壁正对正坊，照壁彩画山水、人物、花鸟，配以诗词名句，中间大框题书遒劲大字，如"福"、"禄"、"寿"、"紫气东来"、"世人书香"（图2-2-78）。

2.2.7.3 屋顶

1. 圆头（圆满）

屋脊两侧的装饰形式，四层叠加，由内向外高度层层递增（图2-2-79）。

2. 瓦猫

有的民居在屋脊中间放置瓦猫（辟邪）。

3. 罩子鸡

白族的方言，汉语就是喜鹊尾巴的意思。

4. 瓦当

云南地区出土的瓦当中，圆形瓦当居多，且多表现为动物、植物、文字等内容。

5. 瓦片

瓦片表面绘有祖训、人物和植物纹样，代表家庭地位与家风，表现生活愿望（图2-2-80）。

2.2.7.4 装修

1. 门楼

门楼即大门。门楼建筑形式有两种：一种是民间称的"三滴水"门楼，其中又分贴立式门楼和独立式门楼，另一种是风格杂糅式样，其中又分为洋风型和中西合璧型。云南剑川县沙溪古镇白族民居大门类型常以有传统三滴水式样中的贴立式门楼和风格杂糅式样中的洋风型门楼（图2-2-81）。

2. 门窗

门窗基本都是满堂雕花，玲珑剔透，院落因之生辉，尤以格子木雕最为显眼。其雕刻内容为扇形、葫芦、格子纹样、动植物、水果为主，例如蝙蝠、莲花、松果、仙桃、葡萄等（图2-2-82）。

图2-2-81　**门楼**

（图片来源：摄于沙溪）

图2-2-82　**门窗**

（图片来源：摄于沙溪）

图2-2-83 隔扇
（图片来源：摄于沙溪）

图2-2-84 栏杆
（图片来源：摄于沙溪）

3. 隔扇

木雕装饰内容多为花草鸟兽等动植物图案，例如鹭鸶登莲、金狮滚绣球、"富贵寿福喜"文字以及鹿含芝草等，也有神话传说故事中的人物造型，如八仙过海、八仙庆寿等（图2-2-83）。

4. 栏杆

白族建筑栏杆部位装饰形式多以几何纹、花卉植物、动物纹样为主（图2-2-84）。

5. 梁头

常用卷草、飞龙、蝙蝠、玉兔、蝴蝶等各种动植物图案造型千变万化，运用自如。更有不少带象征意义的，如"金狮吊绣球"、"麒麟望芭蕉"、"丹凤含珠"、"秋菊太平"等情趣盎然的图案作品（图2-2-85）。

6. 吊柱

常用蝴蝶等各种动植物图案，造型千变万化，运用自如。例如蝴蝶造型、兰瓜造型、水波云纹（图2-2-86）。

图2-2-85　梁头
（图片来源：摄于沙溪）

图2-2-86　吊柱
（图片来源：摄于沙溪）

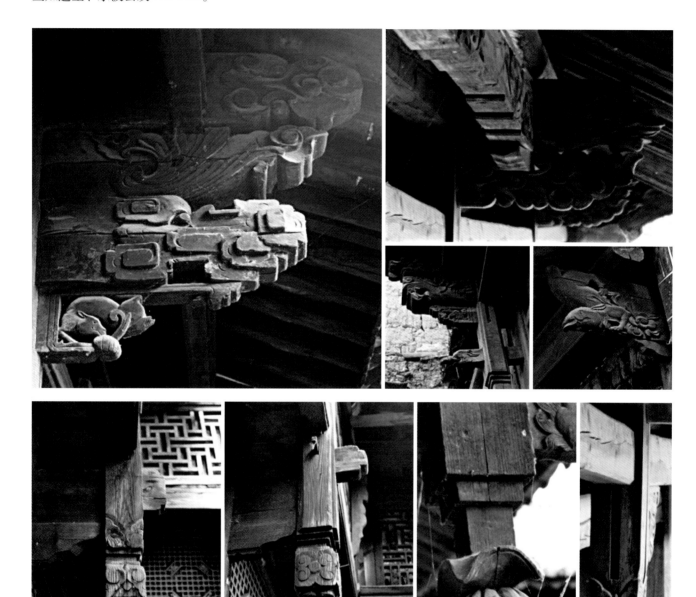

图2-2-87　榑子、雀替
（图片来源：摄于沙溪）

7. 榑子

多数是根据主人的喜好兴趣来决定，人物、走兽、花鸟、山水都有，其形式轻巧透剔，内容丰富多彩，是最能体现木雕精雕细刻的装饰品。

8. 雀替

白族传统民居建筑对雀替的装饰通常施以雕刻，有些以装饰图案外轮廓作雀替造型，精致而有个性（图2-2-87）。

2.2.8　地域性适应技术

2.2.8.1　鸟害虫害防治措施

1. 烟熏木料防虫害

沙溪地区的民居木构架防虫害的方法是在房屋建成后，关闭门窗，在屋内用当地木柴生火烟熏，将木构架及夯土墙熏黑防虫，烟熏时间没有规定，烟熏时间越长防虫害效果越佳（图2-2-88）。

2. 木材自然风干

沙溪地区自然气候舒适宜人，木材在农历八月十五之后砍伐下山，木材自然风干后虫害发生概率较小（图2-2-89）。

2.2.8.2　防火措施

1. 夯土墙防火

"夯土墙"在沙溪民居中兼顾防火、恒温隔热的作用。夯土墙将木结构建

烟熏防虫

风干防虫

土墙防火

防火水井

图2-2-88　烟熏防虫
（图片来源：摄于沙溪）

图2-2-89　风干防虫
（图片来源：摄于沙溪）

图2-2-90　土墙防火
（图片来源：摄于沙溪）

图2-2-91　防火水井
（图片来源：摄于沙溪）

筑构架包裹其中，如遇失火可防止波及邻屋，同时防止隔壁房屋起火引燃自家房屋，起到隔断作用（图2-2-90）。

2. 厨房的水井

小户人家一般不做水井，大户人家的厨房中开挖一口井，井水可作生活用水，并为突发的火灾提供水源（图2-2-91）。

3. 厨房防火措施

沙溪民居的厨房与主屋相邻布置，但考虑到厨灶火灾的危险性，厨房与主屋之间用夯土墙隔离开。厨房中设有天井，有采光、排烟的作用。

4. 外置烟囱排烟防火

厨房的烟囱设置在夯土墙外部，通过灶台下的孔洞连接，烧火做饭时柴烟及火星随烟囱一起排向夯土墙外，可以有效防止火星引燃房屋（图2-2-92）。

2.2.8.3　通风隔热措施

1. 厚实高耸的夯土外墙

沙溪民居用夯土砖砌筑高耸的外墙，包裹住木构架建筑，单个房间之间也用夯土墙隔开，夏季有效阻隔室外高温影响，冬季防止室内温度下降。

2. 室内夯土墙

沙溪民居的夯土墙有直接夯实的土墙和单块夯实的土砖用泥砌筑而成的土

图2-2-92　**外置烟囱**
（图片来源：摄于沙溪）

图2-2-93　**望口**
（图片来源：摄于沙溪）

墙体两种。单块夯土砖用泥、石灰、稻草或竹压制夯实制成，土砖内部本身存在密闭的小细缝能阻隔空气流动。在用石灰泥砌筑成墙体之后，土砖之间的小细缝再次形成隔热空间。砖的尺寸多样，墙身厚度在350~450毫米左右。厚重的墙体在夏季可以阻隔室外的热量、遮蔽阳光，冬季保持室温和抵御寒风。

3. 通风措施

在夯土外墙上留出正方形、尖角形或者六边形的"望口"。望口可作防御外敌的观察孔或枪眼以及室内的通风口使用（图2-2-93）。

2.2.8.4　采光措施

1. 窗门采光

云南地区日照充足，用门窗口采光可以满足室内采光需求（图2-2-94）。

2. 天井采光

厨房内开天井，具有排烟、防火、采光等综合作用（图2-2-95）。

2.2.8.5　排水防潮措施

1. 庭院内排水明渠

沙溪地区日降雨量适中，并且没有暴雨、冰雹、大雪等恶劣的自然灾害，所以沙溪地区民居内的排水依靠庭院内的一条沟槽较浅的排水明渠，庭院内的排水明渠通过排水暗口与村内排水主渠相连接，完成排水（图2-2-96）。

2. 村内排水渠

每个村庄内都有一条排水主渠，各家各户的排水渠通过排水暗口与村庄内排水主渠相连（图2-2-97）。

窗采光

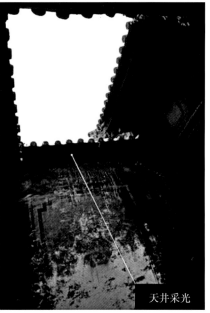
天井采光

室内排水明渠

村内排水主渠

抬高地基

94	95	96
97	98	

图2-2-94　**窗采光**
（图片来源：摄于沙溪）

图2-2-95　**天井采光**
（图片来源：摄于沙溪）

图2-2-96　**室内排水明渠**
（图片来源：摄于沙溪）

图2-2-97　**村内排水主渠**
（图片来源：摄于沙溪）

图2-2-98　**抬高地基**
（图片来源：摄于沙溪）

3. 抬高地基

沙溪地区民居建筑地面防潮的方法是用青石条或石灰岩抬高地基，防止建筑内部受地面湿气影响，一般地基高度为80厘米，一些建房地点地下水位偏高的地方，地基抬升至120厘米甚至更高，视情况而定（图2-2-98）。

4. 风干木构架原材料

因为大理的气候原因，白族伐木取材讲究"七竹八木"，在农历八月十五后才上山伐木，采回木材后直接风干防潮。

图2-2-99　挡雨构件
（图片来源：摄于沙溪）

挡雨构件

5. 阻挡雨水的构件

在封檐板的位置使用瓦片、铁皮或者木片阻挡雨水，防止檩条受潮腐蚀（图2-2-99）。

2.2.8.6　改扩建措施

经寻访，该地区民居建筑需要改扩建时均另寻其他地点重新修筑屋基，并无在原房址上改扩建的做法。

2.2.9　调查分析

本次以白族传统民居典型的建筑形式"三坊一照壁"与"四合五天井"为研究对象，从白族民居匠师入手，通过实地调研和匠师采访，对白族的民居形构、工匠、工具、工序、工法、装饰以及地域性适应技术等多个方面的营建工艺进行全面细致的记录与归纳。

从白族民居调查和工匠走访的情况来看，白族民居的部分营建工艺与中国其他地区的传统民居是一脉相承的。由于它独有的地形与环境、文化与历史以及乡土民俗等，使得它的营建工艺发生了衍化。当地的很多年轻人外出务工，对传统工艺最了解的匠师们年事已高，由于代代相传的方式是口承，缺乏系统的文字整理与图纸记录，导致很多流传已久的传统手艺都不得不失传。所以，要想保护和传承传统白族民居，就需要重视对匠师们的保护与发展，要提高社会对他们的认可，建立完善的社会保障体系。

白族民居历史悠久，营建工艺所包含的内容繁多复杂。白族民居的木构架体系是由严密的榫卯结构组成的，这就充分展示了它具有强有力的防风抗震性能，也体现出了匠师们的高超手艺。在白族泥水匠是木匠的师傅，建造房子时先请泥水匠砌石脚，夯土墙，预留下木的位置，隔三年五年木匠再来做，所以房屋建造的快慢是根据家庭经济条件所决定的。白族民居标准院落是有统一模式的，主要从三方面来体现：一是房子的式样、尺寸是固定的，并且尺寸里要有"6"有"8"，代表有禄有发；二是使用的材料也是固定的，有石、木材、土、砖、瓦；三是由于受地形土地的限制，各种样式的都有。

在考察的过程中发现房屋自然衰败现象普遍而且严重，大多数的建筑有上百年历史，许多房屋年久失修，破坏严重。通过此次调查形成的资料，将为加快白族民族营建工艺的传承和保护、探索更加有效的保护措施提供借鉴。

2.3 调研工作总结及保护与发展工作展望

2.3.1 调研工作总结

经过对云贵少数民族地区典型传统村落、典型传统民居和营建工艺等的深入调查，可以发现：

1. 云贵少数民族地区的传统村落，在相对封闭的环境中延续了原民族固有的民族文化和生产生活方式，更好地以活态形式原汁原味地流传至今，但是，都普遍存在着基础设施落后、环境欠佳、发展动力不足等多种阻碍和问题。

2. 云贵少数民族地区的传统村落中，村民普遍希望改善居住条件和村落环境设施，经济条件是决定云贵少数民族地区传统村落发展的首要因素，经济条件好、村民收入高，则村民接受外来文化影响、改善住房、提高生活水平的积极性就高，如临沧地区耿马傣族佤族自治县的一些傣族村落的民居，从20世纪80年代起，就开始从传统傣族民居转换为砖瓦房，近些年来又继续更新为砖混多层楼房；另外一个重要的外部影响因素是政府部门城镇化、新农村建设、扶贫帮扶等相关政策的实施，带来一些传统村落的整村改造。

3. 在云贵少数民族地区传统村落发展过程中，传统民居形式和传统营建工艺逐步被现代化、城市化的民居形态和建筑形式所取代，传统建筑文化的保护、挖掘和传承没有得到更多的重视；另外，传统民居形式和营建工艺也需要改进和完善，以适应村民日益增长的生产生活需要。

4. 现阶段云贵少数民族地区传统村落的保护和发展，需针对当前云贵少数民族地区传统村落面临的突出问题，在尊重村民意愿、保护地方和民族特色的基础上，注重规划先行、有机改造和功能提升，重点围绕传统村落适应性保护及利用、传统村落基础设施完善与使用功能拓展、传统民居结构安全性能提升、传统民居营建工艺传承、保护与利用等多个方面，加强传统村落生态、生产和生活空间的改善和传统文化的传承，提升传统村落内在自身的经济发展能力和可持续发展水平。

2.3.2 保护与发展工作展望

云贵少数民族地区传统村落保护与传承的工作重点为：

1. 文化传承方面

研究传统村落的文化基因，包括村庄历史沿革、文人典故、文物遗迹、非物质文化遗产等。研究传统村落的文化和产业发展，包括产业现状、产业特色、产业带动，产业革新等。

2. 空间优化方面

研究村落发展格局演变，包括村庄建设历史、发展格局、特色空间、人文历史变迁等。研究村落特色空间，包括特色街区、村口、历史文化遗迹、人文空间等，提出村落空间拓展与优化（产业和文化带动下的传统村落空间延续）。

3. 民居改善方面

特色建筑的保护（祠堂、戏台、庙宇等）。不同时期特色民居的保护（结构加固、民居人居环境改善、民居环境改善等）。特色古民居群落的保护与发展（不同时期古民居群落的保护与发展）。当代特色民居的设计（延续传统民居风貌的新民居建设方案）。

4. 环境提升方面

村落内部环境的改善（污水垃圾治理、基础设施提升、街巷美化、公共活动空间美化等）。村落外部环境的改善（河道治理、山林绿化与美化、田野风光、大地景观营造等）。美丽乡村建设。

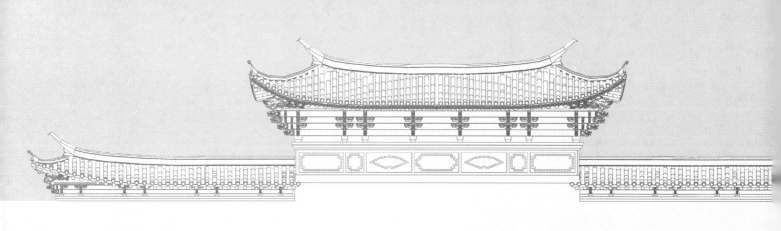

第3章

碗窑村概况与现状评估

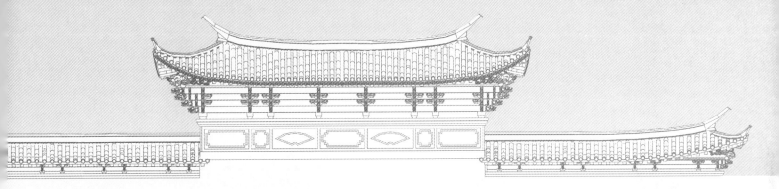

3.1 村庄概况

3.1.1 地理区位

碗窑村碗窑组位于云南省临沧市临翔博尚镇，国土面积9.6平方公里，距离临沧市区约22千米，地理坐标东经100° 01′，北纬23° 45′。村落地处勐托坝尾，与机场公路相隔1千米，交通条件便利。

3.1.2 自然条件

碗窑组是一个四面环山的宽谷地，属于半山区，地势平缓，境内主干山脉属怒山山脉向南延伸余脉，地质为花岗岩岩基构成，地形为横断山脉纵谷区山间盆地。属亚热带季风气候，海拔1773米，年平均气温17℃，年降水量1740毫米。土质为红壤土和水稻土，植物多为马尾松和阔叶林混交。

3.1.3 历史沿革

有史记载为清乾隆元年（1738年）湖南省长沙府贵东县邻里乡人罗文华、杨义远、邓成和三人远走他乡，靠一手制陶绝活外出谋生，来到此地看到这里得天独厚而丰富的优质陶泥资源，便迷恋上这片美丽的热土，娶了当地腊托村布朗人家的姑娘，布朗头人给三位女婿划定了土地，他们便在这里以制陶为业，繁衍生息，代代相传，碗窑地名也由此而来。

清末属于西乡，民国初期属西区。1951年，共产党在泰恒成立第四区人民政府。区政府以下泰恒、勐准、碗窑等八乡人民政府成立。

1953年，碗窑、完海两乡合并。2004年为碗窑村民委员会驻地。

3.1.4 人口与经济

碗窑组是临翔区博尚镇碗窑村民委员会所属的自然村寨，全村共有村民360户，1441人。先前曾为布朗族、傣族、拉祜族、汉族杂居，现村内所有住户已全改为汉族。

碗窑组共有耕地127.6公顷，主要种植烤烟、油菜、水稻、核桃等。碗窑组制陶产业历史悠久，85%以上的人家都从事制陶，碗窑村的土陶产品不但满足临翔区及周边各县，还远销其他地区和东南亚国家，陶业收入成为村民的主要经济来源。

3.2 综合现状分析及评价

3.2.1 村庄格局与整体风貌

1. 区域空间关系

碗窑村位于怒山余脉，四面环山，村内地势平缓，北部有腊托河自西向东流入南汀河，西面以勐托公路为界直通勐托大寨，东部以大梁子为界，南部以塘房河为界。村中的硬板路四通八达，遍布各条小巷，交通便利。

碗窑村周边自然景色优美，生态环境良好，但在临沧大范围内由于周边各村具有同质性，缺少吸引点（图3-2-1、图3-2-2）。

1
———
2

图3-2-1　周边自然山水

图3-2-2　传统村落鸟瞰

图3-2-3 碗窑村"三山一水"空间格局

2. 碗窑村山水格局

碗窑村呈现"三山夹一水"的空间格局,居住组团顺山势展开,主要分布于南侧后山梁子、西北侧光山梁子及东侧龙树梁子三个区域。那摩河东西向穿过聚落,耕地农田沿河分布（图3-2-3）。

临河谷地的格局,造成可用发展腹地较小,居民生活空间扩展余地有限。

3. 碗窑村整体风貌

碗窑村布局依山就势,建筑沿等高线顺势而上,形成由高及低的层次感。全村大多数居民仍居住在传统的民居之内,故村庄风貌较为完整统一。

村内60%的民居保留了传统的土木结构汉式建筑,新建民居多为砖混结构水泥建筑。沿着碗窑组核心区外围的建筑布局较为混乱,缺乏秩序,与传统肌理不相协调,且屋顶形式、围护结构、颜色与传统风貌不符。同时,由于缺少成片区的传统建筑及空间肌理,较难按照传统划分核心区方式进行保护,也难以打造集中成片的旅游精华区（图3-2-4、图3-2-5）。

3.2.2　建筑组合

1. 龙窑：空间未有效利用，环境待整治

碗窑村现存龙窑10处，均匀分布于聚落各处居住组团中心处，便于周边各家各户共用资源。至今仍是当地居民生产生活的重要工具，而非固态僵化的"死文物"，难以按照传统文物保护方法进行固态保护。各窑分布零散，相互之间距离较大，且规模、形式、构造等基本相似，缺少独特性（图3-2-6）。

从现状情况来看，问题主要有三点：①烧制土陶的龙窑一般需堆柴空间、陶坯堆放空间和成品堆放空间等，但现状空间狭小，各种物品堆放较为随意，显得较为杂乱；②龙窑两侧一般由两条坡道构成，个别由石板铺砌，但多数仍是土质的荒草小路，坡道与龙窑间的空间也未进行有效利用，破碎的瓦罐随处可见；③烧窑时黑烟滚滚，对周边空气和环境影响较大（图3-2-7）。

2. 历史建筑：数量极少、保存较差

碗窑村现存历史建筑主要包括三大家族的祖宅，数量较少且集中分布在现状村委会附近，辐射范围较小。历史建筑数量极少、保存较差、小范围集中、无明显当地建筑代表性，与周边村镇历史建筑相比不具有竞争优势（图3-2-8）。

3. 传统建筑：分布零散不成规模

碗窑村传统建筑保存量相对较少、分布零散不成规模。村内保存较好较为集中的传统风貌建筑仅存有位于聚落南部依山分布的一小片区，其他多零星分布于村落各处，与现代建筑交杂（图3-2-9）。

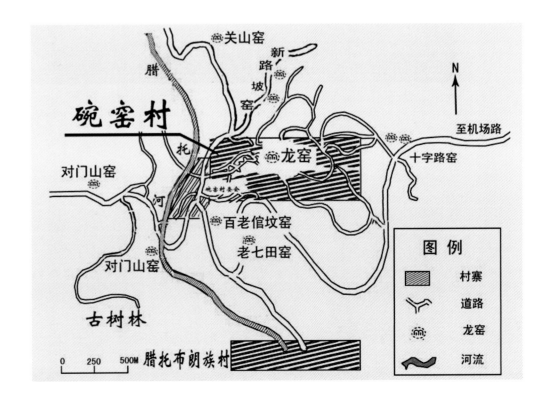

图3-2-4　碗窑村南部聚落鸟瞰

图3-2-5　碗窑村北部聚落鸟瞰

图3-2-6　**碗窑村龙窑分布图**

图3-2-10 碗窑村现代建筑现状

4. 现代建筑：与传统建筑混杂，不协调

碗窑村居民近年来新建房屋较多，且与传统建筑混杂分布，对于空间上划分保护区与控制区带来一定的困难（图3-2-10）。

3.2.3 空间节点与景观视廊

1. 街巷及开放空间

村落内街巷空间依山就势，主次道路缺少清晰的空间脉络，两侧新建建筑对街巷景观影响较大；茶马古道连接村外，现状路基破坏严重，仅保留有部分石板路。开放空间匮乏，村民无节庆、集会或举行公共活动的空间（图3-2-11）。

2. 历史要素节点

主要包括古井、古桥、古树等节点。现状历史及景观节点处均未能有效保护及利用，许多重要的历史遗存埋没在杂草中难以辨识，没有围绕节点设置开放空间。

碗窑村现存古桥一座、古树若干、古井若干、百年老宅三座，是该村除龙窑外的几处重要的文化要素和历史遗存，是碗窑村的重点保护对象。未来，将对这些历史遗存进行有效保护，增强标识性，改善周边环境，打造重要旅游节点。

目前，古桥作为步行道仍然在使用，但已年久失修，接近危桥，周边环境也亟待整治；古树及古树林被村民奉为神树，得到了有效的保护，但标识性较差，也缺乏树池的保护；几处古井已被遗弃不用，缺乏必要的保护措施和标识性，村落环境待整治（图3-2-12）。

3. 陶厂陶吧

碗窑村成规模的陶厂只有一家，位于村东部，由彩钢板搭建而成，较为简陋。内部无明显的功能分区，大致包括原料堆放、原料加工、土陶拉坯制作、成品堆放等功能区域。目前，该陶厂与陶吧已不仅仅承担生产功能，更是旅游观光、参观考察的必经之地。未来，可考虑将陶厂作为一个重要的旅游节点、文化教育节点和非物质文化遗产活态展示节点等进行重点打造，对陶厂以及周边环境进行改造，优化内部结构，拓展功能区域（图3-2-13）。

4. 景观视廊

寻找最佳视点展示核心区景观。选取四处试点，如（图3-2-14~图3-2-18）所示。

3.2.4 绿化水系及植被

现状水系东西向穿村而过，水岸一带植被茂密，但存在垃圾倾倒阻塞河道的情况；现状植物多为马尾松和阔叶林混交，村东及村南外围生态植被保存较好，松树林集中成规

图3-2-11　碗窑村街巷与开放空间

图3-2-12　碗窑村的古井、古桥、
　　　　　古树等节点

图3-2-13　碗窑村陶厂现状

模，既是当地居民的生产资料来源，也是较好的景观要素。但现状可达性较差，未能有效利用（图3-2-19）。

1. 田间村旁：整体协调、细部待改善

从整体上看，村域自然环境与村庄建设区错落有致、有机融合，较为协调一致，大有人在庄中、庄在林中、水田交映的意味。

从细部上看，层层叠落的梯田美景缺乏田间绿化的衬托和点睛，使之与大美仍有一步之遥；由于缺乏人为干预，庄与田、庄与林之间的连接地带较为杂

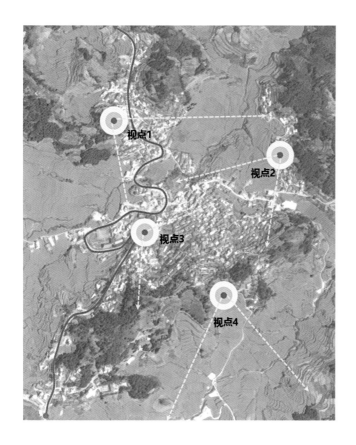

图3-2-14　视点选取

图3-2-15　视点1：小学屋顶
　　　　　（可俯瞰碗窑村全貌）

图3-2-16　视点2：位于碗窑村东
　　　　　部（可观赏田野及村
　　　　　庄东侧景）

图3-2-17 视点3：进村主干路转
弯处、村庄西部
（可以观赏到核心保护
区以及村庄南部绝大
部分区域）

图3-2-18 视点4：梯田风光，视
点较佳

$\dfrac{17}{18}$

山、林、田、庄自然交错　　　梯田美景缺绿化衬托　　　菜田与野草

荒地、杂草与菜　　　　　菜田　　　　　　　人工与自然界面

乱（图3-2-20）。

2. 庭院宅旁：功能待完善、景观待优化

村民院落主要承担停车、堆放木柴及杂物、晾晒等功能，有些利用局部角落饲养牲畜；大部分院落都进行了整体水泥铺装，个别老院落仍保留土质地面，极少数的老宅院落则出现了荒废、空置的现象。

从功能上看，大部分庭院的布局有待规整。从美观上看，有些庭院布置了些许绿植，但整体上缺少绿化，提升、改造空间仍然很大（图3-2-21）。

3. 道路街巷：安全性待加强、绿化需提升

为了方便山地地区居民的出行（尤其是机动车），村中大部分道路已实

| 19 | 21 |
| 20 | 22 |

图3-2-19　**水系和植被**

图3-2-20　**田间村旁绿化**

图3-2-21　**庭院宅旁绿化**

图3-2-22　**道路街巷绿化**

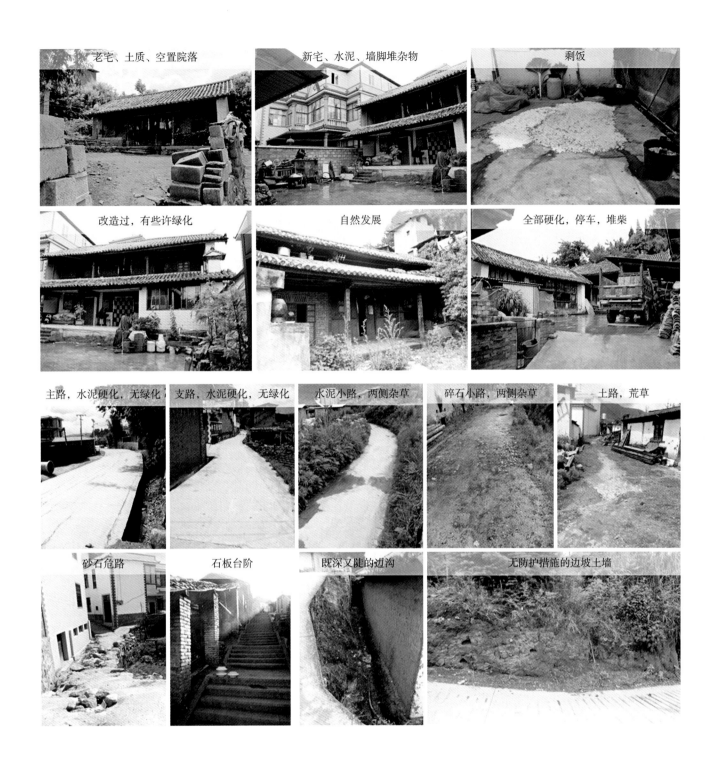

老宅、土质、空置院落　　新宅、水泥、墙脚堆杂物　　剩饭

改造过，有些许绿化　　自然发展　　全部硬化，停车，堆柴

主路，水泥硬化，无绿化　支路，水泥硬化，无绿化　水泥小路，两侧杂草　碎石小路，两侧杂草　土路，荒草

砂石危路　　石板台阶　　既深又陡的边沟　　无防护措施的边坡土墙

现了水泥硬化，替代了原有的石板路。然而，仍有少许小路是砂石、碎石甚至土路面，亟待改善。

　　大部分道路与街巷都没有进行植被绿化，多数没有为绿化留出空间，有些道路两侧仅有一些自然生长的杂草。安全方面，村中许多道路两侧就是既深又陡的边沟，毫无防护措施，有些道路两侧的土墙也无任何防护，极易发生危险（图3-2-22）。

主桥视角—垃圾，荒草，淤积

古河道与古桥

河水从田间流过

古桥视角—被杂草掩盖

图3-2-23 河道水系绿化

4. 河道水系：自然状态、亟待整治

那摩河是碗窑村内唯一的一条自然水系，其穿越村庄部分约200米，河道宽在2～4米不等。

河道现状基本保持着自然、原始的状态，河水自西向东流淌。部分堤岸经过人工加固，河道淤泥较多，也堵塞了很多垃圾，既影响河道畅通，又影响美观。河道周边杂草丛生，大部分为荒地、农田，局部狭窄河段被荒草掩盖，整个河道亟待整治，并可加以合理利用（图3-2-23）。

3.3 现状主要问题分析

历史建筑分布零散，规模小，不利于成片组织

碗窑村传统村落格局和风貌保存较为完整，但现存历史建筑分布零散，并且现代建筑穿插其中，风貌破坏严重，且各区风貌大同小异，缺少独特性。历史建筑和现代建筑穿插，难以按常规方法划定核心保护区进行保护，也难以打造集中成片的旅游精华区。

新建建筑较多，与传统建筑交错，全面改造难度较大

古村新建建筑较多，以平屋顶砖混结构为主，与传统的坡屋顶土木结构建筑极为不协调，且新建建筑穿插在传统建筑之中，布局散乱，对传统风貌破坏严重，全面改造难度大、投入多、收效慢。

古村传统建筑和历史要素年久失修，易受到损毁

碗窑村60%的建筑为土木结构的传统民居建筑，整体风貌保存较为完整，特色鲜明。但传统建筑和龙窑、古井、古桥等历史要素因年久失修，建筑老化和破损现象严重，整体质量较差，亟待加强保护和修缮。另外，村庄现存的古树、古河道等自然景观也亟待整治改善。

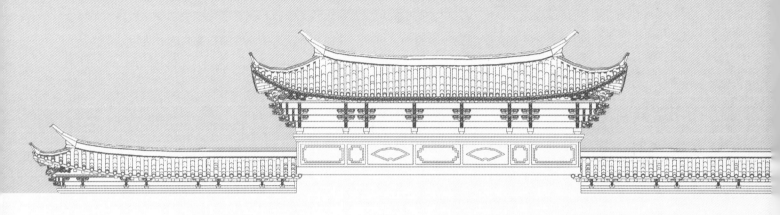

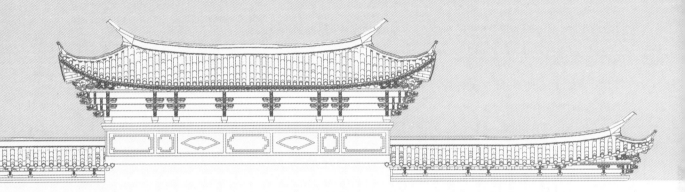

第4章

碗窑村土陶文化挖掘与技术传承

04

4.1 碗窑村龙窑制作工艺概况

4.1.1 龙窑制陶工艺文化的历史

碗窑村土陶制陶工艺历史悠久，是碗窑村重要的非物质文化遗产。

碗窑村随着龙窑制陶工艺的发展而成长，整个村落的格局也是根据龙窑的建立而形成，清明时期在北部发展，1956年随着新窑的建立碗窑村开始向南部发展，其发展历程大概经历了七个时期：

（1）从博尚大芋墓地出土器物推断，碗窑村最早制陶工艺为傣族泥条盘筑、露天无窑堆烧，以红砂陶、黑砂陶为主。

（2）1738年湖南人罗文华、杨义远、邓成和在碗窑村建起龙窑，以制陶为业，因为产品以碗为主，碗窑地名由此而来（《临沧县志》）。

（3）清代中后期依山势又建起两条龙窑（十字路窑、新路坡窑）。

（4）1956年成立淘气手工合作社，1958年改为合作工厂，在原先两条龙窑的附近建起新窑（十字路窑、新路坡窑）。

（5）改革开放前后，陶冶生产恢复家庭联产的工作方式，制陶业快速发展，新建多条龙窑（关山窑、对门山窑、百佬馆窑）。

（6）2000年又建一条老七田窑。

4.1.2 碗窑村土陶工艺技术集成

碗窑村的土陶工艺技术大致可以分为七个步骤（图4-1-1）。

1. 取土晾晒
村民在每年的春冬干燥季节在泥山上打井取回陶泥和白沙土，晒干备用。

2. 浸泡搅拌
将陶泥和白沙土捣碎、除去杂质，根据制作产品的需要，按一定比例在塘中稀释浸泡10多个小时，用铁铲和弹弓反复搅拌勒匀，制成所需陶泥。

3. 制作陶胚
取适量搅拌好的陶泥放到陶车上，然后用搅棍转动陶车，双手熟练地将泥用提拉的方式制成各种陶器的形状，简单的器物可以一次拉坯形成，复杂的器型先拉坯成型后再进行

图4-1-1　土陶工艺技术流程图

切割组合。待陶坯风干后，再用钻锤放到陶器里面，外面用平板或花锤修整或印上所需花纹。

4．晾晒上釉

晾晒时间根据天气和陶器的大小而定，一般为1天。晾晒后根据产品的需要，调制不同的釉水进行上釉。

5．入仓装窑

将待烧的陶器根据坡度，按一定的间隙堆放到窑内，一般每仓可放小件陶器100件，大件陶器20多件。大多龙窑为多户人家共用。装好窑留下烧火口后即可封窑，准备进行烧制。

6．点火烧制

沿袭傣族、布朗族的古老习俗，在烧制陶器前，还会做一番祭祀，以祈求烧制成功。然后由窑头开始点火进行预热，烧5~6小时后，上一仓内的温度升高后在每一仓加柴点火，依次将整条龙窑的火全部点燃，进行烧制。烧制时间一般为10~24个小时，期间，烧制者根据情况进行加柴和观察，用火色钩翻动粘连的陶器。

7．冷却出窑

一般停火两天时间，待窑仓内的温度冷却后，即可将陶器取出进行销售。

4.2 碗窑村土陶文化的内涵与影响

4.2.1 碗窑村土陶文化的内涵

碗窑村土陶工艺是多元文化的融合和劳动人民勤劳智慧的结晶。

结合了古老少数民族制陶工艺和中原地区制陶技术，不但保留了早期静塑手制，也传承了内地轮制技巧；结合当地传统艺术和内地汉族艺术元素，完美融合并体现在陶制品装饰工艺上；随着社会的发展和向外部的学习，碗窑村的陶制品在工艺上有所升华，加入了雕刻、镂空的技艺；在陶制品的样式上开发出新的陶制产品。

4.2.2 碗窑村土陶文化的影响

碗窑村被列入第一批中国传统村落，其陶器制作技艺被公布为云南省第三批省级非物质文化遗产名录，被中国文联评为中国碗窑土窑文化之乡，碗窑村的土陶技艺在经济、文化和社会方面影响深远。

1. 经济支撑

碗窑村通过其独特的土陶工艺为村庄发展创造了财富价值，据统计，2005年碗窑村陶器产业收入占全村经济收入36%，2006年产业调整，并开发各种土陶体验产品项目，通过土陶特色产品带动周边旅游产业发展。

2. 文化传承

碗窑村土陶文化内涵丰富，既保留原始制陶工艺，融合少数民族手工技艺；同时结合现代人生活需求，研发新的土陶制品。

3. 社会影响

碗窑村是临翔区传统文化传播的重要阵地，在临沧市内西环线上占有重要位置。吸引本地及周边年轻人投身制陶行业，加快制陶业发展。央视、省、市的新闻频道、栏目组多次深入碗窑村对碗窑村陶器制作技艺与传承人进行采访报道。

4.2.3 碗窑村土陶技艺的价值评价

1. 土陶制品特点显著

保留了内地制陶工艺的精华并且融合多民族原始手工制陶工艺，通过对土陶文化数据库的建立，完整地保留了传统土陶生产工艺。

2. 碗窑村陶业规模大

80%村民从事陶业生产，为全村重要产业；以土陶制作、生产为基础开展相关的体验活动和旅游产业，带动当地经济。

3. 促进国内外交流

碗窑村的土陶文化是多民族文化交流的产物，是各民族智慧和劳动的综合结晶，具有鲜明的地域特点和深厚的历史文化内涵；土陶产品畅销国内外市场，提高了相互的文化交流。

4.2.4 土陶文化保护与传承措施

1. 初步建立土陶数据库

（1）对碗窑村各个龙窑的调查，将10个现有龙窑的历史、特点等进行统计、绘制；

（2）对土窑加工工艺、生产工具进行统计与等级划分；

（3）对土陶技艺进行申报非物质文化遗产名录；

（4）对原始土陶工艺传承人进行详细调查，登记与申报。省级传承人——邓安康、罗星青，市级传承人——杨丕祥，区级传承人9人，其他传承人100多人。

2. 建立组织，引入人才，构建管理平台

建立碗窑土陶文化社，制定保护管理机制，统一协调村内土陶文化研究、技术交流、产业经济发展、对外展示以及融资管理等。引入人才，分别在创意产业设计、文化社管理、文化推广宣传等角度引入各类人才。组织技术交流，管理文化场馆建设运营，网络宣传，投资洽谈管理。

3. 建立传承人档案，发挥技术核心力量

建立传承人档案，并对传承技术工艺通过多媒体进行记录。发挥传承人的技术核心力量，在土陶文化社内作为专职人员，并指导带领新学员制作土陶，逐步建立碗窑村土陶制作工匠体系，形成本村特色。

4. 加强对外文化宣传

通过电子信息网站、组织技术交流会、定期开展创意集市活动、建设碗窑土陶文化馆等形式，加强对外文化宣传。

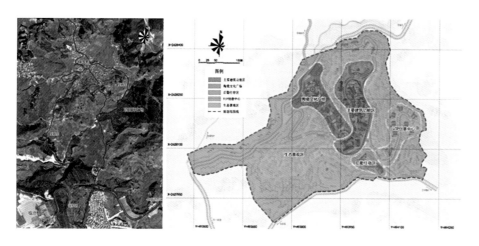

图4-2-1 文化产业园选址及布局示意

5. 建设特色文化展示交流空间

建立多形式的土陶文化展示空间：利用龙窑建设土陶文化馆，展示成品制作与烧制过程；利用村口空间场地建设土陶文化广场，定期开办创意集市商品交流活动；利用废弃土陶品构筑墙体、室内装饰等，打造村内特色文化风貌；在传统手工作坊开设体验坊；利用互联网+土陶产业，建立多种平台。

6. 鼓励文创产品开发

通过与高校艺术社团合作、开办创意工坊等形式，创新产品，在创意家居、茶文化交流等活动中突出特色。

7. 建立陶瓷文化产业园

区位分离，与碗窑村在区位上有一定距离；功能重复，文化基础来源于碗窑村，因此产业园的功能与碗窑相类似；核心分散，产业园的建立会将碗窑的核心向外疏散（图4-2-1）。

4.3 土陶文化展示与利用

4.3.1 整体构建土陶文化展示空间体系

龙窑属于不可移动的遗址类文化资源，现有龙窑遗址分散，需要通过规划将其串联起来，并增加相关设施，丰富村落总体空间文化形态。

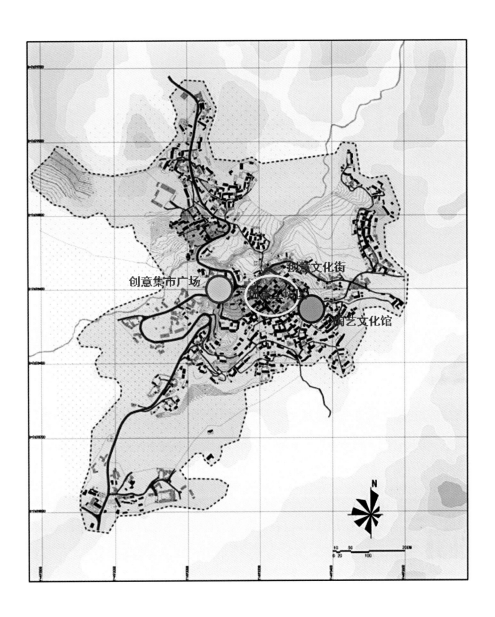

创意集市广场　　　　　　创意文化街

陶艺文化馆

图4-3-1　土陶文化展示与利用空
间体系图

规划构建形成入口土陶文化创意集市广场、陶艺文化馆、龙窑遗址文化节
点、土陶创意文化街、创意工坊的文化空间体系,将土陶工艺的生产、展示、
销售及体验相结合,以达到文化宣传、寓教于乐和促进地方经济发展的目的
(图4-3-1)。

4.3.2　龙窑遗址文化区

龙窑规模壮观,与地形结合层层上升,富有景观艺术性,通过规划和建筑
设计手段,整治龙窑周边环境,可以建设成为可供参观和体验的文化创意空间。

设计要点:现状龙窑顶部屋盖宽度偏小,不适合人进入参观,可在外部仿
层叠的顶盖形式增加一层,便于参观,同时增加成品陈列(图4-3-2)。

图4-3-2　**参考案例——广东石湾陶瓷博物馆广场**（利用原窑址建造，建筑尺度扩大后作为公共文化建筑使用）

图4-3-3　土陶文化馆意向图

图4-3-4　创意集市广场意向图

4.3.3　土陶文化馆

集中建设一座土陶文化馆，文化馆要求具有乡土文化气息，内容空间形式丰富，建筑材料主要选用土陶材料。土陶文化馆已经注册并且有专项资金的扶持，但是目前展示品种过于单薄。

设计要点：传统与现代形式结合，重点在本地陶土材料的选用，可以专门烧制用于建筑装饰的陶土建材，陶土花纹砖，陶土面板材等，建议建筑面积2000平方米，建筑高度2层。充分利用专项资金，将文化馆的展品种类进行丰富（图4-3-3）。

4.3.4　创意集市广场

定期举办土陶文化创意集市广场，汇聚村内及周边地区特色产品，丰富村民文化视野。

设计要点：公共文化广场，建设在村内开阔场地，与建筑构筑物相结合，形式类似乡村集市，通过设计划分空间场地，广场规模建议2~4公顷，其中部分为公共服务性设施（图4-3-4）。

4.3.5　手工体验坊

手工作坊改造为体验工坊，提供各类材料和器具，供制作体验和亲子活动。

设计要点：体验坊分公众参与型和名人工作室型两类。公众参与型利用村内公共场地、私人作坊改造等，要求环境优美，采光通风效果好。通过创立名人工作室提升产品创造力和竞争力，塑造品牌（图4-3-5）。

4.3.6　文化街

沿白碗窑村主要道路建设一条土陶文化街，沟通文化馆、集市广场以及主要窑址等文化节点。

文化街两侧主要为手工坊、陶器店、茶坊等传统形式的作坊和店铺，陶器废料用来镶嵌墙体和铺砌路面以及设计做成排水沟、景观小品等附属设施（图4-3-6）。

4.3.7　互联网+土陶产业

"互联网+土陶产业"，利用信息通信技术以及互联网平台，让互联网与土陶产业进行深度融合，创造新的发展机遇。

通过"互联网+"的模式搭建电商平台，可以解决没有销售渠道的问题。还可以通过举办一些相关的活动或承办赛事，既增加社会知名度，又可以衍生出相应的产业，从而得到展示机会（图4-3-7）。

5

6

7

图4-3-5　手工体验坊意向图

图4-3-6　文化街意向图

图4-3-7　参考案例：钦州第五届
中国美术陶瓷技艺大赛

4.4 土陶产业发展定位与路径

4.4.1 碗窑村土陶产业发展追溯

1. 碗窑村土陶产业发展追溯

碗窑村土陶始于清乾隆三年，20世纪60年代前后，为鼎盛时期。进入20世纪80年代之后，随着社会的发展和经济水平的提高，不锈钢产品、陶瓷用具逐渐取代了土陶制品。当代，土陶文化价值备受关注，产品自我革新摸索前行。

2. 不同地区，相似的命运

山东寿光柴庄土陶、山东伏里土陶、四川成都桂花土陶、新疆喀什土陶、云南香格里拉尼西土陶等同样在市场经济冲击下走向落寞的道路。

3. 土陶产业没落原因解析

自古以来以实用功能为主的土陶器，在科技日益发达、精美器皿不断丰富的当下，实用功能逐渐丧失，而以实用功能为主的土陶形制特点因为缺乏一定的审美情趣，便成了遭受淘汰的理由。

4.4.2 产业现状解析

1. 发展现状

2010年，年产土陶器20万余件，陶器产业总收入300万元，占全村经济总收入的16.74%。

2. 区位优势

毗邻临沧机场（约2公里），身处云南茶叶主产区。与陶瓷产业园位置临近。

3. 产业优势

土陶产业发展迅速，拥有一定的外部规模和品牌知名度。目前有11口龙窑烧制生产，全村80%的农户从事制陶产业；市场覆盖范围逐步扩展，已远销内地与海外国家地区；生产成本低，原料就地取材，且烧制成本远低于气窑；陶瓷产业园的发展可以提高整个地区的知名度，与碗窑村相辅相成。

4. 产业弊端

产品类型整体较为低端，附加值低，无法满足现代人都市生活需求，缺乏市场活力；产业规模过小，同等级别专业村年销量多在千万量级，如青岛平度何家楼村、玉溪华宁碗窑村等。

4.4.3 发展定位

1. 定位依据

基于"微笑曲线"，碗窑村土陶产品开发与设计、营销与服务等具有高附加值的产业链环极端匮乏。

碗窑村土陶产业只有在"附加价值"观念的指导下，只有不断往附加价值高的区块移动与定位才能持续发展与永续经营。

2. 产业定位

将碗窑村土陶产业打造成为由实用向艺术转化、由使用价值向观赏价值过渡、由制造业向文化创意产业转移的集产品开发、制造、营销为一体的土陶综合发展产业链。

4.4.4 发展路径

1. 革新传统产品体系

开发实用器具类、旅游纪念及礼品类、收藏鉴赏级艺术品类、室内空间装饰品类、藏陶雕塑作品类共五大类切合现代人审美需求的产品体系；依托匠人做土陶创意产品开发。

2. 创新产业发展模式

产品创新主体不应该是农民，应吸引支持大学生返乡创业；或引进"企业+合作社+农户"的生产模式，由企业与合作社进行市场精准定位、研发设计、合作社组织匠人生产。

3. 与旅游紧密结合

开发土陶旅游纪念品；开发土陶制作工艺体验旅游项目。

4. 构建多元营销渠道

创建电商平台，依托网络营销。形成"互联网+土陶"产业模式；依托航空优势，加强物流配套，打造土陶展区；借助已有品牌捆绑营销，依托普洱茶知名度与销量，推出土陶茶具系列产品；政府营销，借助媒体造势，提升品牌知名度。

4.5 案例借鉴

【案例一】泗水县柘沟镇土陶产业发展

（1）发展现状

2013年陶土加工企业、工艺土陶制作企业发展到20多家，生产陶业产品500余种，产品远销10多个国家和地区，年销售收入近亿元。

曾经落寞命运：六千多年制陶历史，长期以来，陶器只限于日用品，售价便宜，收益低而逐渐落寞。

（2）产业振兴路径

①注册商标，品牌营销：2013年，"柘沟土陶"通过国家工商总局的审核，注册为中国地理标志证明商标。

②产业升级：陶土产业由传统粗浅加工逐步向规模化、艺术化、精深加工方向发展，

制陶品种不断增加。

③扶持龙头企业，鼓励产品创新：柘沟镇扶持鲁柘砚、儒陶、鲁陶、泥香阁等企业为龙头，这些企业通过引进设计人才，设计产品融入地方文化元素，儒学文化融入土陶工艺。另外一些企业还积极与高等院校、外企建立了合作关系，将前沿工艺运用于土陶的设计制作和产业经营，向高、精、难与个性化定制装饰品方向发展，陶制的高档、精致、典雅的装饰品，使柘沟土陶重新焕发青春。

【案例二】玉溪市华宁县土陶产业发展

（1）发展现状

2013年华宁县陶瓷产业总产值达到了1.5亿元。共有制陶企业（作坊）35户，建成各类窑炉100余座。

曾经的落寞命运：20世纪90年代后，受工业化的冲击，纯手工制作的华宁陶市场渐渐狭窄。数十条龙窑消失了。

（2）产业振兴路径

①创新产业模式：采取"政府引导、企业投资、股份合作、规模经营"的形式打造华宁陶。

②"三名打造"：打造知名品牌——"宁州牌"、"盖山牌"；打造知名企业——华宁白塔山陶瓷和华宁民族陶瓷两大规模企业，有较高知名度；打造知名大师——目前已有省级工艺美术领军人物1位、省级工艺美术大师2位、市级工艺美术师5位，成为华宁陶再创辉煌的坚实基础。

③行业互动：制陶与旅游相互促进，华宁是中国泉乡，针对旅游市场，相继开发出多种多样的旅游产品，目前已发展到10多个花色，500多个品种。

④培养人才：实施"3254人才培养工程"，并对陶瓷企业人才培养给予适当补助奖励。据有关资料显示，目前，华宁从事制陶的从业人员有1600余人。

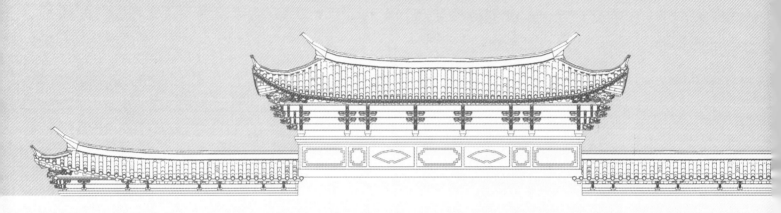

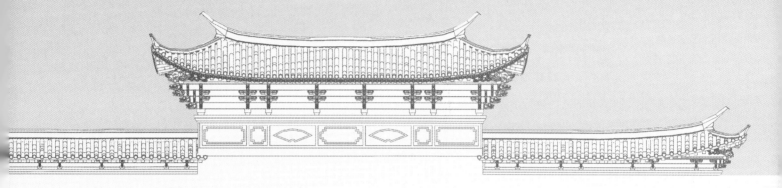

第5章
碗窑村古村公共空间保护与整治

05

5.1 划定局部示范区

5.1.1 规划理念

规划打破传统划定核心区的方法，采用"前台、后台"的保护理念。

1. 前台——舞台真实区（游客想象中的真实）

恢复"当地特色"传统建筑，演绎"当地文化民俗"，展示"当地传统工艺"，并在保证原则真实的情况下适当进行渲染，展现人们心目中的云南之美。

2. 后台——自然真实区（当地自然发展的真实）

尊重历史发展的自然规律，不干预当地居民的正常生产生活、建造活动及民俗活动，保证对聚落的最小破坏。

5.1.2 划定依据与原则

1. 划定依据

①保护当地原有人文生态的真实性；

②较好处理保护与发展的关系，在有限的用地空间内对传统建筑进行保护与展示；

③符合当地三日游主题设置，碗窑作为沿途一个景点，不需要深度游，而要设置精华游线，集中打造精品景点，在小空间、短时间内展示自身魅力；

④拆迁难度低、投资少、见效快、便于近期启动；

⑤示范的本质意义：仅提取具有区域共性、涉及传统本质的内容进行示范，在质量不在数量，在示范不在还原，避免千村一面、生搬硬套的情况出现。

2. 划定原则

①结合现状情况确定前台、后台及引导区；

②点、线结合划分保护示范区，在最小范围内取得最大成效；

③串联各主要历史资源及景观点，展示碗窑村最精华所在。

5.1.3 示范区范围

示范区范围划分主要参照碗窑村历史演变的基本脉络，考虑了龙窑、历史建筑、传统风貌建筑及古井古树等其他传统要素分布较为集中的区域，以线性街巷空间组织串联，包括南部后山梁子片区、北部光山梁子片区中的线性空间，另外设置龙树梁子片区为引导区（图5-1-1）。

1. 南部后山梁子片区

起于村委会，向西至罗杨邓祖宅及周边保存较好的建筑，顺街巷向南延伸至山顶古树林处，向东拐连接龙窑后回到村委会闭合成环。除重要节点外，沿街仅保留一层院落作为示范区。

2. 北部光山梁子片区

从村委会沿街巷经石桥连接至北侧山顶小学处，包括部分沿河开敞空间。

3. 东侧龙树梁子片区

整片作为引导区，通过政策鼓励村民原生态自建房屋，传承传统工艺。

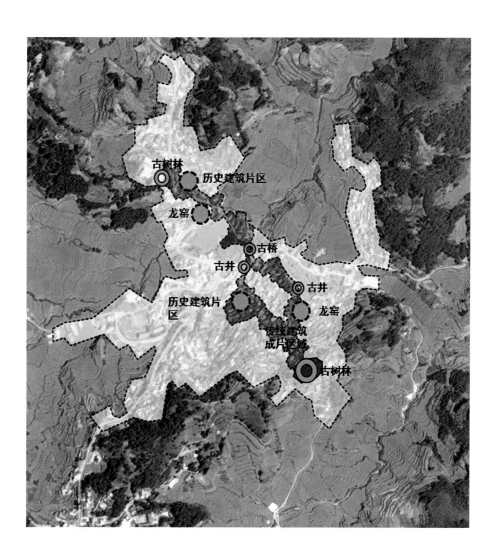

图5-1-1 示范区划定范围

5.1.4 示范区涵盖内容

1. 后山梁子片区

龙窑：历史最久的3号窑；

历史建筑：文保单位——罗杨邓三家祖宅；

传统风貌建筑：包括龙窑及祖宅附近两大传统建筑片区；

其他元素：南侧山顶处的松树林、龙窑附近的古井、梯田^{（图5-1-2、图5-1-3）}。

2. 光山梁子片区

历史建筑：北山小学附近历史建筑；

传统风貌建筑：河谷片区传统风貌建筑；

其他元素：古桥、河流、古井、梯田及古树林^{（图5-1-4、图5-1-5）}。

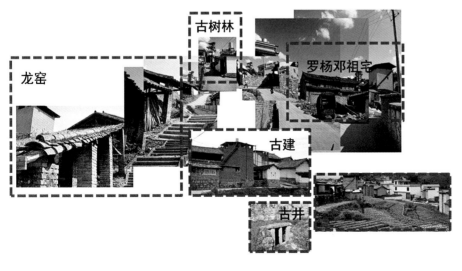

2
———
3

图5-1-2 片区现状

图5-1-3 片区保护要素

碗窑村古村公共空间保护与整治

| 街巷 | 古建 | 开敞空间 | 古桥 | 古井 |

| 古树林 | 梯田 | 古建 | 河流 |

$$\dfrac{4}{5}$$

图5-1-4　片区现状

图5-1-5　片区保护要素

5.2 示范区现状要素分析

5.2.1 现状要素分布

碗窑村现状要素分布如图5-2-1所示，主要包括空间要素、自然景观要素和人文景观要素三类。

5.2.2 空间要素

传统村落中的建筑、院落、街墙、构筑物等将空间加以界定，形成具有历史印记和地域文化的空间格局，这些空间是独特的，不可复制的。碗窑村的现

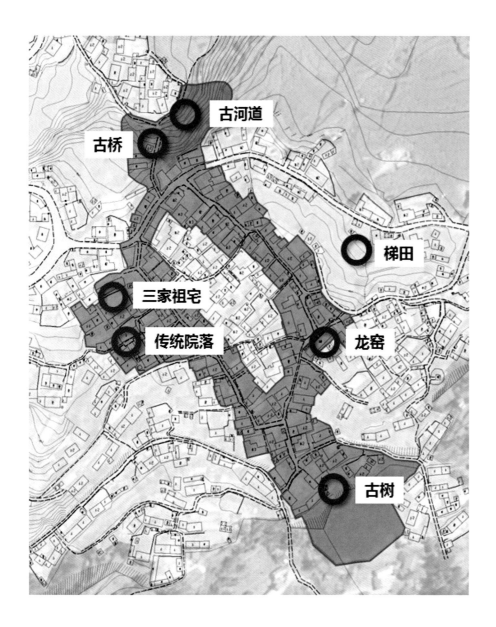

状空间要素包括重要历史院落、院落开场空间、街巷线性空间和重要景观节点空间等。

　　保护规划的目的就是要识别和界定出这些公共空间，通过保留、修缮、维护和改造，完善并提升其风貌内涵和功能（图5-2-2）。

5.2.3　自然景观要素

　　自然景观要素因海陆因素、纬度、地形等地带性和非地带性因素影响而形成特别的自然景观，古村落的自然景观要素主要为地形地貌、河流水系和植被等，研究这些要素有助于我们识别和界定村落空间特质，并在保护中加以利

1	2
	3

图5-2-1 现状要素分布图

图5-2-2 空间要素

图5-2-3 自然景观要素

用。碗窑村的自然景观要素主要为古树及古树林、河道、丘陵地貌和梯田等，这些要素也是云贵地区所特有的（图5-2-3）。

5.2.4 人文景观要素

与自然景观要素所不同，人文景观要素带有鲜明的个体特征，使不同的村落在同质的地域中彰显个性。而古村落的人文景观又区别于城市景观，它们规模小、分布零散、形式简单、贴合自然，代表了农耕文化、地域文化和时代特色。碗窑村的人文景观包括龙窑、三家祖宅、古桥、古井、环通院落等。这些要素体现了碗窑村的特质以及世代居民的智慧和创造力（图5-2-4）。

图5-2-4　人文景观要素

5.3 示范区空间结构组织

5.3.1　空间结构组织

整体注重景观轴线和廊道的连续性，点、线、面的串联。形成"一环、四片区、多组团、多点"的空间结构（图5-3-1、图5-3-2）。

（1）一环

沿村落主要道路打造生态文化环，在保留原始街巷肌理的基础上，在重要片区路段开发文化商业街区，带动古村活力。其他路段以自然生态为特色，修缮古街巷，提升景观，体现古村落的深沉。

（2）四片区

生态游憩区：作为示范区的门户，提升古河道两侧景观，修缮古桥，打造滨河湿地，提供线性景观空间。

民俗展示区：结合传统院落展示民风民俗，在院落内部增加体验活动。

龙窑体验区：提升龙窑周边环境，提供配套场地，周边院落开发制陶体验项目。

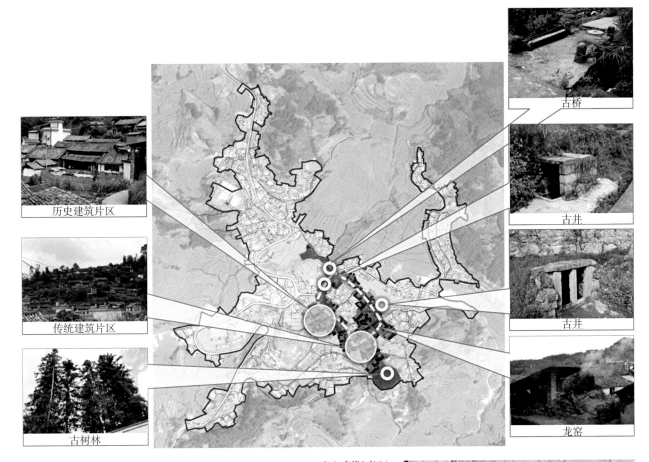

古桥

古井

古井

龙窑

历史建筑片区

传统建筑片区

古树林

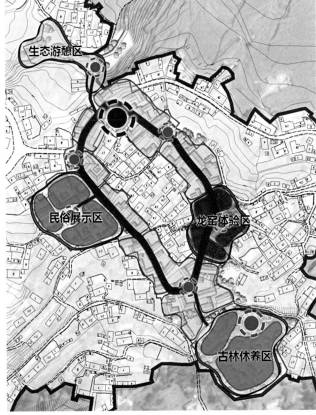

生态游憩区

民俗展示区

龙窑体验区

古林休养区

1
2

图5-3-1　整体空间要素串联

图5-3-2　示范区空间结构图

古林休养区：在保护古树林的前提下，为游人提供一处安静祥和的休养场所，感受古村的绿色静谧。

（3）多组团

根据传统院落之间关系围合成多个组团，保留传统院落肌理，展现古村落风貌。

（4）多点

将村委会开发为游客服务点；沿环形街巷点状开发开放空间，提升景观，在满足村民日常使用的同时为游客提供休憩点；在重要观景节点修建场地，为驻足观赏提供空间。核心示范区东侧的制陶厂作为展示当地制陶文化、体验制陶工艺的场所。

5.3.2 示范区总平面

示范区总平面如图5-3-3所示。

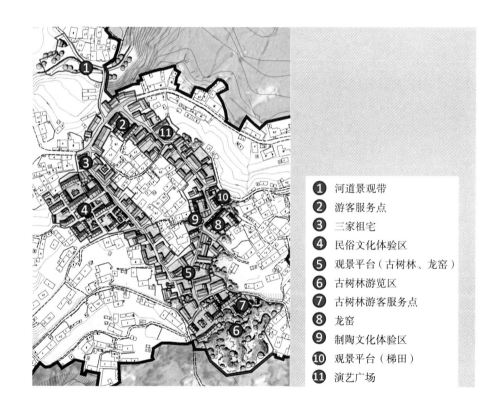

① 河道景观带
② 游客服务点
③ 三家祖宅
④ 民俗文化体验区
⑤ 观景平台（古树林、龙窑）
⑥ 古树林游览区
⑦ 古树林游客服务点
⑧ 龙窑
⑨ 制陶文化体验区
⑩ 观景平台（梯田）
⑪ 演艺广场

5.4 示范区空间整治

公共节点注重开放空间的吸引、共享和方便易达，鼓励交往。按结构特征和构成要素可以将古村落公共空间分为：

特色空间节点：结合现状要素提升周边空间，打造富有特色的景观节点；

开放空间节点：为村民提供公共活动空间，同时为游客提供游憩场所和观景点；

街巷廊道空间：合理组织廊道空间序列，使公共空间有序呈现。

5.4.1 提升特色节点空间

保护村庄内部现有特色公共空间节点，维持其现有的功能形式，再现其周边的历史环境；整治现状功能较差、尺度失调的节点空间，调整其功能，对外观采取改建、减层、拆除等措施。

按照"原真性保护与修复"的原则，对龙窑、古宅、古桥、河道等历史文化资源进行保护，在修复文物建筑的同时营造周边环境，保持建筑与周围环境的整体性，使周围环境在有所控制的情况下继续发展（图5-4-1）。

3 | 1

图5-3-3 示范区总平面

图5-4-1 示范区特色空间节点

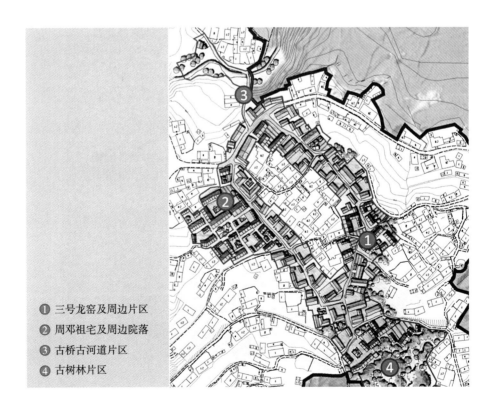

❶ 三号龙窑及周边片区
❷ 周邓祖宅及周边院落
❸ 古桥古河道片区
❹ 古树林片区

①龙窑：在龙窑周边修建陶艺体验片区，结合沿窑的道路打造文化展示廊；配合梯田打造开放的演艺空间；以烧窑仪式增强文化宣传。

②周邓祖宅：围绕周邓祖宅修缮历史街巷，结合院落修建民俗体验中心；三家老宅作为展示当地建筑工艺和民俗生活传统的场所。

③古桥：结合古桥与古河道打造原始景观，形成示范区门户；古桥与河流作为整体进行规划，打造成带状的生态湿地。

④古树林：处理好村子与树林的衔接关系；古树林靠近茶马古道，当地也有饮茶的传统，把树林打造为一处相对静谧的品茶休闲的私密活动空间。

5.4.2　打造公共开放空间

针对公共活动空间缺乏的区域，调整用地性质，新增公共空间节点。对村中的空地进行"织补"，深挖空间潜质，创造新的空间节点。

通过修整地面铺装，增强植物景观配置，新建景观建筑等措施对节点的形态进行优化，在优化的过程中应注重与原有的尺度和肌理相契合；通过节点功能的叠加和替换实现节点空间的保护与再利用（图5-4-2、图5-4-3）。

①散空间：结合现有场地和游客服务点布置集散广场；

②游憩空间：利用现状院落空间，与建筑功能和景点相结合，设置必要的座椅、指示牌、景观小品，提升空间品质；

③观景点：位于村落制高点或者地势较高位置，同时周边无遮挡，视野开阔，可设置观景平台和必要的休憩设施等。

5.4.3　整治街巷廊道空间

①街巷空间分析：古村落道路走向依山就势，在示范区内由一条主要环状道路延伸出不规则小路，通往各个民居（图5-4-4）。

②街巷立面整治：在延续现有空间结构的基础上，对界面进行修复，保持其连续性和完整性；通过对立面及地面铺装构成在对比与均衡、统一与多样、比例与尺度、节奏和韵律、层次和等级等方面的控制，改善景观环境，形成视觉美感；利用廊道合理组织空间序列，使公共空间有序呈现。

沿街建筑强调建筑与街道的关系，新建建筑层数限定在2~3层，街道的高宽比控制在1∶1~1∶1.5之间，适宜步行、游玩的空间尺度。统一街巷两侧建筑为传统民居坡屋顶的建筑形式，打造由绿化景观、正立面、山墙、院墙共同

图5-4-2　观景点视线分析

图5-4-3　示范区开放空间节点

图5-4-4　碗窑村街巷廊道空间

① 街巷空间
② 古树林、龙窑
③ 梯田
④ 乡野景观

① 集散空间
② 游憩节点
③ 观景点

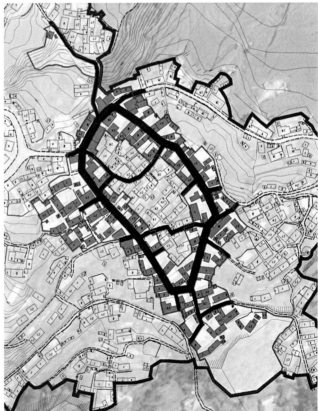

D/H的比值	图示	人的心理反应
D/H<1		视线被高度收束，内聚感强烈，有一定亲切感，随着比例减小逐渐产生压抑感
D/H=1		有一种内聚，安定又不至于压抑的感觉
D/H=2		仍能产生一种内聚，向心的空间而不致产生排斥离散的感觉
D/H=3		会产生两实体排斥，空间离散的感觉
D/H继续增大		空旷、迷失或冷漠的感觉就会相应增加，从而失去空间围合的封闭感

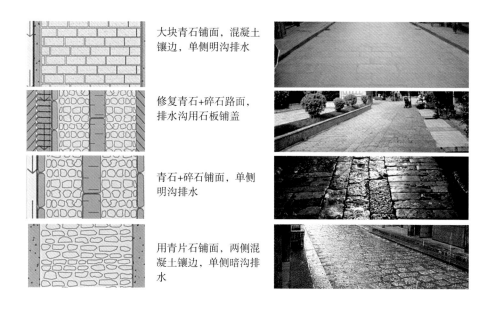

大块青石铺面，混凝土镶边，单侧明沟排水

修复青石+碎石路面，排水沟用石板铺盖

青石+碎石铺面，单侧明沟排水

用青片石铺面，两侧混凝土镶边，单侧暗沟排水

$\dfrac{5}{6}$

图5-4-5　街巷空间比例与人的视觉感受分析

图5-4-6　街巷铺装整治意向

构成的高低错落、统一而富有变化的街巷竖向界面（图5-4-5）。

③街巷铺装整治：街巷铺装以青石与碎石结合铺砌为主，根据道路级别、用途，选择适宜的铺装组合形式（图5-4-6）。

5.4.4　创造舒适邻里空间

邻里空间注重私密性和亲切的尺度感（图5-4-7）。

图5-4-7 村落邻里空间意向

①邻里交往的空间尺度：过小的尺度使空间显得拥挤，过大的尺度空间则显得空旷，使人难以接近。传统村落的小尺度模式气氛亲切宜人，使人心情放松，便于减少邻里之间的心理距离感。

②邻里交往的私密性：采用合理的分级道路系统，形成内外分流；通过围合空间，打造私密性；通过尺度适宜的场地与景观要素设计，创造私密空间。

5.5 示范区建筑风貌整治

5.5.1 建筑风貌分析

示范区以传统风貌建筑为主，风貌较为统一。其中，历史建筑面积为172平方米，传统风貌建筑面积7561平方米，与传统和历史建筑风貌不协调的建筑面积2037平方米，分布如图5-5-1所示。

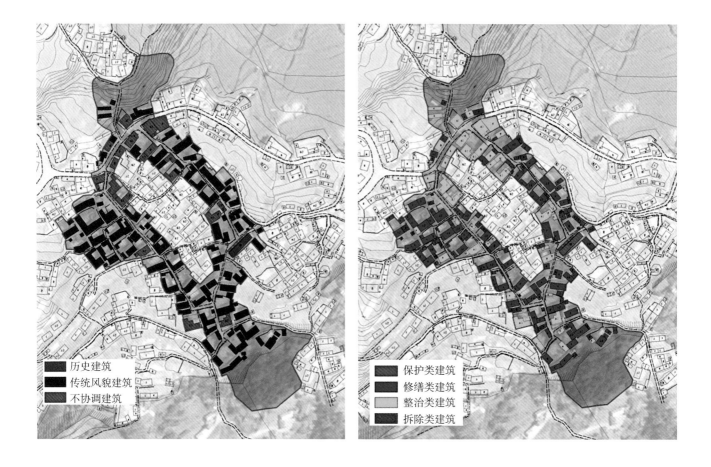

图5-5-1　建筑风貌分析

图5-5-2　建筑风貌整治

历史建筑
传统风貌建筑
不协调建筑

保护类建筑
修缮类建筑
整治类建筑
拆除类建筑

1 | 2

5.5.2　建筑风貌整治分类

规划以建筑风貌现状评估为基础，结合了建筑保护等级和保护价值、建筑质量、建筑年代、建筑高度等现状要素，同时，考虑了建筑保护与整治时序、旅游发展、村庄环境整治等管理要素，对规划范围内所有建筑提出分类保护和整治措施。

对建筑采取分类保护和整治措施主要包括保护、修缮、整治改造和拆除四类。其中，保护建筑面积为172平方米，需要修缮建筑面积为5776平方米，整治和改造建筑面积为3265平方米，拆除建筑面积557平方米（图5-5-2）。

5.5.3　建筑风貌整治措施

保护类建筑：将龙窑列为保护类建筑，保持原样，如实反映历史遗迹，对个别构件加以更新和修缮，修旧如旧。

修缮类建筑：对风貌相对传统、建筑质量相对完好的立面、屋瓦、门窗等部分进行修复修缮。

改造类建筑：建筑形式、体量、材料或色彩与古村落传统风貌有冲突的建筑，对屋顶、里面等采取整治措施。

拆除类建筑：危房、简易房；少数严重影响景观视线的现代建筑，对传统格局造成极大破坏的建筑。

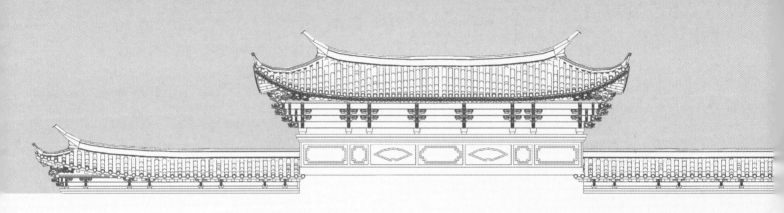

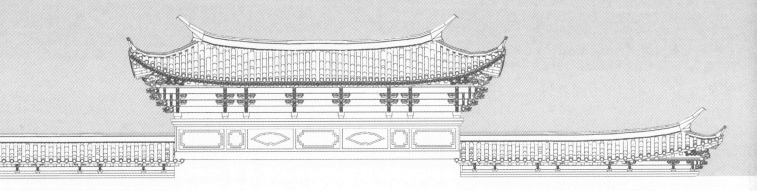

第6章

碗窑村民居建筑保护整治与风貌引导

06

6.1 民居建筑现状分析

6.1.1 建设年代

村内民居历史较长，现尚存两座民国时期建筑，其余多在20世纪50~70年代兴建，为传统风貌建筑。随时间流逝，有不同损毁，大部分还在居住使用中（图6-1-1、图6-1-2）。

20世纪80年代后，村落内也兴建了大量的现代新型两至三层的砖混住宅，已逐步取代传统民居（图6-1-3）。

6.1.2 结构与材料

传统民居多采用木结构，新建民居已采用砖混结构，烤烟房，厕所多采用简易砌筑（图6-1-4~图6-1-6）。

$$\frac{1}{2}$$

图6-1-1 刘、罗、杨祖屋（民国时期）

图6-1-2 20世纪50~70年代传统风貌民居

6.1.3　功能布局

　　碗窑村选址在坡度较大的山地，为适应地势，村落民居多沿等高线布置；民居用地较为局促，没有采用方正严整的格局，多选择"一"字型和"L"型

3
4
5
6

图6-1-3　20世纪80年代后的民居
图6-1-4　土木结构建筑
图6-1-5　砖木结构建筑
图6-1-6　砖混结构建筑

图6-1-7 "一"字型布局建筑

图6-1-8 "L"型布局建筑1
（"L"型两翼均为两层）

图6-1-9 "L"型布局建筑2
（主屋为两层，另一侧为
一层，作厨房或储藏用）

布置，或仅有两层主屋，或单设厨房、厕所、圈棚，通过围墙围合形成院落
（图6-1-7~图6-1-9）。

6.1.4 室内空间及设施

传统民居多为三开间或者五开间，随着现代生活方式的引入，中间的堂屋
已向现代客厅、起居室功能转变。两侧卧室多从堂屋内进入，亦可从户外进入
（图6-1-10）。

原有居室内部空间、设施已不能满足现代生活方式的需要。如照明、电
视、太阳能热水器、橱柜、煤气灶的使用等，只能后期简单增设（图6-1-11、图
6-1-12）。

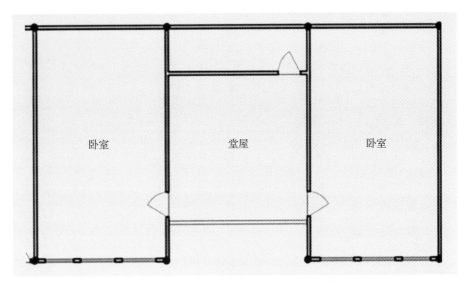

卧室　　　　　堂屋　　　　　卧室

10
———
11
———
12

图6-1-10　传统建筑室内功能布局

图6-1-11　现住户室内布局

图6-1-12　现住户电表、太阳能热水
　　　　　器、简易橱柜、土灶等生
　　　　　活设施

6.1.5 屋面和外观

1. 屋面

村落内传统民居多采用双坡悬山屋顶，防止雨水对墙身的侵蚀，屋脊端部有起翘，筒瓦屋面，前后出挑和两侧出际适中，在出际的檩枋端头悬挂板瓦进行防护；部分简易建筑采用单坡屋顶，简易石棉瓦压顶（图6-1-13）。

新建砖混结构民居为平屋顶，仅在屋顶檐口或每层层线附近做披檐装饰，以红色和蓝色为主（图6-1-14）。

2. 外观

传统民居外观多自然朴素，根据材料不同，处理方式也不相同。普通民居，多采用毛石墙和土坯墙，保持材料原色，或部分墙体刷白；民居南侧门窗等多大面积采用木材，部分围护采用青砖砌筑，整体风格统一（图6-1-15）。

新建砖混结构民居外墙多用青色、浅黄色瓷砖饰面，部分墙体为涂料刷白，墙面或装饰有大面积吉祥寓意的彩色图案面砖（图6-1-16）。

图6-1-13　**传统建筑屋面**

图6-1-14　**新建建筑屋面**

图6-1-15　传统建筑外观
图6-1-16　新建建筑外观

6.1.6　构件及细部

1．大门

传统民居注重大门的设置，根据地形和财力的不同，选择不同的门头做法。在新建民居中，门头的设置也是重点（图6-1-17、图6-1-18）。

图6-1-17　传统民居建筑大门

图6-1-18　现代民居建筑大门

2. 门窗

传统民居少量保存传统木作，制作较为精细，大部分民居内门窗简单，采光、热工性能较差；新建民居多为定制铝合金、铝塑门窗（图6-1-19~图6-1-20）。

3. 屋面构造

传统民居的屋面多用小青瓦、筒瓦铺做，山墙椽头用瓦片简易防护，部分山墙头做了细致装饰（图6-1-22）。

新建民居为上人平屋面，多用作晒台；墙头用红色或青色面砖装饰小披檐，角部起翘，有传统坡屋顶的意象（图6-1-23）。

图6-1-19　传统民居建筑门窗

图6-1-20　传统民居简单改造后的门窗

21
22
23

图6-1-21　现代民居建筑门窗
图6-1-22　传统民居屋面构造
图6-1-23　新建民居屋面构造

6.2　问题分析与改造原则

6.2.1　问题分析

1. 新建民居的体量、建筑形象与原有环境极不协调

自然村落中，传统民居体现的是整体的和谐美，而碗窑村新建民居的体量、建筑形象和原有的环境极不协调。

图6-2-1　传统民居风貌和谐
图6-2-2　建设强度较大新建民居区

　　传统民居建筑淡雅低调，与自然风光相依相衬，不过度强调民居的个体形象。新建的民居多为现代砖混结构，二至三层，外墙面贴瓷砖或者刷墙漆，已经没有地域特色。沿着碗窑组核心区外围的建筑布局较为混乱，缺乏秩序，与传统肌理不相协调，且屋顶形式、围护结构、颜色与传统风貌不符（图6-2-1、图6-2-2）。

　　2. 新建民居缺乏传统民居的建筑空间特点

　　传统民居空间层次丰富，从室外空间，经院落空间、廊厦空间逐步过渡到室内空间。庭院是传统民居中相当典型的一种缓冲空间，在民居与外部大环境之间形成了过渡；檐廊、厦廊不仅作为交通用的外廊，而是生活空间的一个重要组成部分，在功能上具有多种用途，是家庭生活起居、平常接待来客、日常操作副业、宴请宾客等多种实用场所（图6-2-3）。

　　新建民居缺乏传统民居的建筑空间特点，多直接从室外空间到室内空间，也有部分有院落等过渡空间，但空间关系不清晰，空间没有特点。

　　3. 新建民居多缺乏应有的建筑美学特征

　　传统民居或多或少会在屋脊山墙、窗、门头上体现自身的美学特征，这些要素作为建筑的视觉焦点和装饰要点而存在，往往构成了建筑的特色和标志性符号。比如，传统民居的装饰性元素马头墙、悬鱼、脊砖雕、木雕等。

图6-2-3　传统民居的过渡空间

图6-2-4　传统民居的美学符号

3/4

山墙头是建筑装饰的重点，不论是南方还是北方均有明显的地方特征，形式多样的山墙面处理手法，丰富了民居造型的上部轮廓，形成了各色的民居风貌。屋脊直接以天空为背景，脊饰是屋顶以天空为背景的轮廓线，细部常常是民居装饰纹样的集中表现，具有清晰的装饰效果（图6-2-4）。

新建民居缺乏应有的建筑美学特征，多精简了这些符号，不能反映自身的地方特色；或者引用欧式装饰，明显与传统文化、村落特征不相协调。

6.2.2　指导思想

从整体和谐、经济合理、地方材料三方面作为民居改造的指导思想，以确定保护改造的基本原则。

6.2.3　改造原则

（1）经济，便于施工，造价低。从现实的角度出发，确定居民和政府都能承受得起的标准，是设计人员和管理人员要首先确立的原则；

（2）实用，符合农村居民生活模式，满足居民逐渐提高的生活需求及对建筑功能上的需求；

（3）美观，突出地域特色，不仅是满足艺术性和观赏性，而应将传统元素深度提炼并融入建筑，多用地方特色材料，延续和保护地方民居特色，使民居建筑风貌与自然环境相协调；

（4）整体，确定"统一屋面、统一墙面、统一门窗"的标准技术措施，供居民根据实际情况进行选择；

（5）鼓励建立"居民参与设计"机制，设计师与居住者之间需要互动交流，在设计体验中共同深入了解居住需求和民族文化的传承发展意义，以此将民族文化的传承动态融入居民的日常生活中，避免"千村一面"。

6.3 民居建筑风貌建设引导

民居建筑的构成要素有一定的普遍性，建筑基础元素可分解为屋顶（含屋面、屋脊、檐口等）、墙体（含山墙面、墙裙、墙面装饰等）、门、窗、阳台栏杆、其他构件等六类元素。建筑风貌协调改造措施也从这六个方面入手。

6.3.1 屋顶

现状民居的屋顶大多为平顶式且颜色杂乱，屋顶的改造形式应根据具体情况而定，综合考虑建筑平面、气候条件、材料供应以及地方传统等多种因素。现应用较广的主要改造方式是"屋顶平改坡工程"，改造措施要点如下（图6-3-1~图6-3-3）：

（1）屋面改为两坡顶，端部则有硬山、悬山等多种形式；

（2）屋面多选择青瓦、波形瓦等材质，禁止采用石棉瓦、琉璃瓦等与传统风貌不协调的材料；

（3）考虑到新增结构自身荷载，可采用木质、钢架等结构材料，既有地方特色又不像砖墙那么笨重。在原有构造柱的位置加柱，按照原有房屋的开间，增加屋架；

（4）屋脊端头起翘，用混凝土塑型或直接安装成品翘角构件；

（5）屋脊中间位置瓦片叠成"品"字型，檐口安装木质檐板。

图6-3-1　**单体改造示例**

图6-3-2　**整体改造示例**

图6-3-3　**推荐使用屋脊装饰**

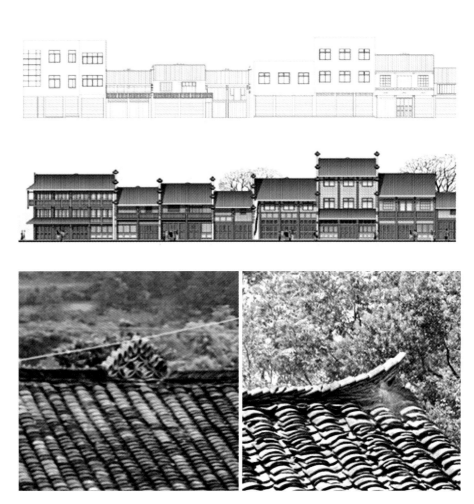

6.3.2　墙体

现代民居住宅现状墙体风格杂乱不一，多为白色、彩色瓷砖，或无任何装饰暴露墙体。墙体改造应对墙面线条和墙面色彩进行统一规划。改造措施（图6-3-4~图6-3-6）：

（1）墙面色彩以朴素大方风格为主，立面建议以土、木、石或者褐色（构件油漆）为主色调；

图6-3-4　改造示例（用青砖侧立面砌墙，突出青砖烧制的质感和变化，在不影响整体色调的地方适当刷白墙）

图6-3-5　原白色瓷砖墙面改造示例（底层青砖饰面，勒脚毛石砌筑，深色饰边）

图6-3-6　墙面改造示例（土木色主色调与青毛石饰面的搭配设计）

　　（2）对已有白色涂料墙面的可做仿木改色喷涂，或作木板、木塑板钉在墙面；

　　（3）底层外墙贴青砖饰面；

　　（4）或对已有外墙瓷砖统一打底喷真石漆；

　　（5）对勒脚采用青砖、毛石饰面，深色饰边；

　　（6）除此之外，还可在山墙面上以木饰模仿穿斗式结构木构架，丰富墙面形式。

6.3.3　门

现状民居大门大多以现代式的卷闸门、铁门为主，并且外部较为破旧。在满足现代住宅时尚、简洁特点的同时，在大门的改造中可保留当地传统门的符号和形式，并根据设计需要加以变化；或者拆除原有大门，安装新木格门或者六合门等传统样式。如需设卷帘防盗设施，建议采用仿木质金属格栅方式（图6-3-7~图6-3-9）。

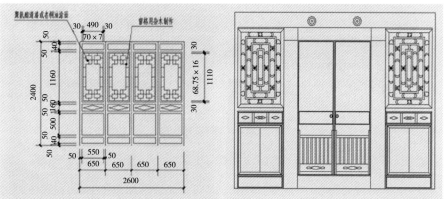

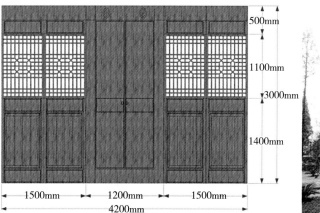

7

8

9

图6-3-7　现状改造对象

图6-3-8　传统门样式

图6-3-9　简易门头做法示例

6.3.4　窗

现代民居已安装铝合金或塑钢窗，大多以深蓝色或深绿色的玻璃窗为主，并安置不锈钢式的防盗窗套，视觉上影响美观。改造措施（图6-3-10~图6-3-12）：

（1）窗完好的予以保留，在已有窗外加装花格窗，刷清漆；

（2）窗框可以喷刷仿木纹漆来进行改造，从形式上与木材质相吻合；

（3）也可拆除原有窗，安装新木质窗；

（4）窗套做成几何图案或是雕刻其他吉祥图案，几何图案造型相对简洁；

（5）锅合金形式的防盗栏改为使用当地木材做成的类似百叶的防盗栏。

6.3.5　阳台栏杆

民居的阳台，大多设于大门上方，可以兼作雨篷，其形式主要有凹阳台、挑阳台、半凹半挑阳台、角阳台等。而民居住宅的体量一般都不很大，因此阳

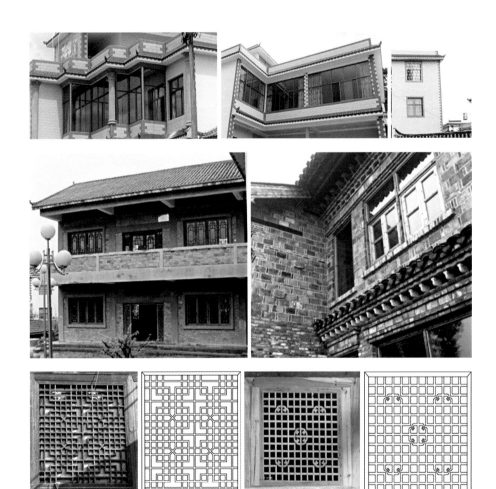

10

11

12

图6-3-10　改造对象示例

图6-3-11　更换为木窗

图6-3-12　窗套样式选例

台的栏杆及其花饰颇为引人注目，并在立面构图中占有突出的地位。现代民居的栏杆样式纷繁复杂，有混凝土、宝瓶柱式、铁艺栏杆等。改造措施：总体思路以模仿传统阳台做法为主（图6-3-13）。

（1）整体更换栏杆样式，普通的只由竖向杆件组合，复杂的则使用几何纹样，以万字纹、回纹最常见，户主也可凭喜好，自由选择；

（2）材料可以选择传统的木材，也可结合本村特点，选用一些陶瓷制品；

（3）不更换栏杆则可以对其外表面进行仿木纹涂料的喷刷；

（4）或者使用当地的废弃木料和竹子进行包裹。

6.3.6　其他

除上述建筑元素外，现在居民点还引进了新能源设备、广告招牌等其他元素，在民居改造设计中也应引起重视，进行规划引导。改造措施（图6-3-14~图6-3-16）：

（1）采用当地的废弃材料（木、竹子）进行二次加工，对于太阳能热水器外表进行包裹，并且放置在沿街的背立面处。

（2）使用黑色颜料对外表进行喷刷，在太阳光下没有过多的反光。

（3）蓄水桶利用废弃材料做成具有碗窑地方特色的"外套"罩在蓄水桶的外表，根据各家使用功能的不同可以制作成招牌、装饰等。

13
——
14

图6-3-13　改造实例（喷涂、更换成回纹样式，与陶器结合）

图6-3-14　现状广告招牌、太阳能热水器等设施

15
16

图6-3-15 蓄水桶和太阳能热水器改造示例

图6-3-16 广告、标牌改造引导

6.4 新建民居改造实例

6.4.1 民居改造实例

1. 选取标准

选择有一定代表性，村内相似较多的户型和单体形象，能指导多数民居改造。

2. 实例选取

选取户型面积约230平方米左右，主体为二层，局部三层，农户根据自身情况对户型有所调整，二层改为封闭阳台，基本符合村民现在的生活方式（图6-4-1）。

3. 改造措施

（1）将原来墙体划分成三段式，墙身是白色的涂料，给人感觉整洁大方。墙脚是青灰色的砖，给人沉稳感，与白色的墙身相得益彰。

（2）部分窗和门改为木板门，使得建筑更贴近自然，增加建筑的亲和力，使得建筑更加温馨和自然。木材比其他材料更节能。

（3）部分屋顶改为双坡屋顶，增加建筑层次，削弱建筑体量，与周边风貌协调；出于功能需求和减少改造成本，保留三层晒台。

（4）增加入口门头设计，在形象上与传统民居协调，在空间上增加缓冲空间。

（5）窗户的外侧加入窗棂。优点一是能打破立面的单调，丰富建筑立面，增加细节。二是能够使建筑看起来更加轻盈，改变原来敦实呆板的模样。

4. 改造效果

改造后效果如图6-4-2、图6-4-3所示。

庭院空间细化改造，增设陶器展示平台和花池，改善生活环境。勒脚处采用陶片饰面，增加地域特色（图6-4-4）。

1
——
2

图6-4-1　选取实例及效果图

图6-4-2　改造后效果图

6.4.2 新建民居实例

1. 样例一

碗窑村村民有迫切改善居住条件的需求，部分希望拆除旧房、建设新房，为整体协调村落风貌，提供新建民居设计样例，可根据居民用地特点，修改完善。

建筑墙体采用青石做墙基，浅青砖做墙身，屋顶使用小青瓦。建筑中适当加入古建筑语言形式符号，窗户采用简化造型的仿古窗，对有些窗用木纹装饰以突出强调，预留空调位置，设置白色挑板。墙面加入多种古建筑元素之后会

$$\frac{3}{4}$$

图6-4-3 一层改造平面图

图6-4-4 庭院空间细化改造图

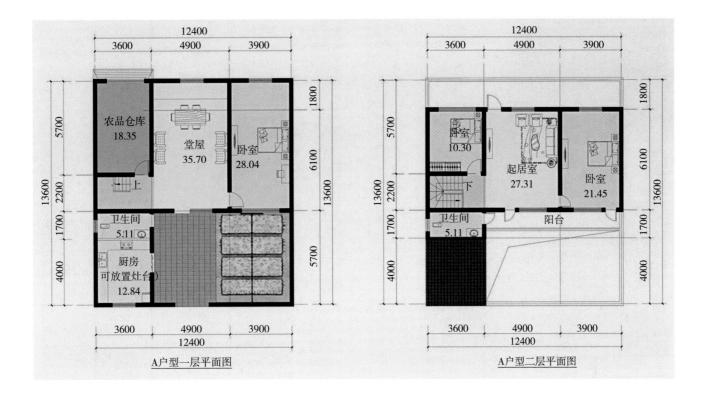

一层：
12400
3600　4900　3900
农品仓库 18.35
堂屋 35.70
卧室 28.04
5700
1800
6100
13600
13600
2200
上
卫生间 5.11
1700
厨房 可放置灶台 12.84
5700
4000
3600　4900　3900
12400
A户型一层平面图

二层：
12400
3600　4900　3900
卧室 10.30
起居室 27.31
卧室 21.45
5700
1800
6100
13600
13600
2200
下
卫生间 5.11
阳台
1700
4000
3600　4900　3900
12400
A户型二层平面图

图6-4-5　**实例平面图**

丰富起来，砖墙加木纹装饰会使建筑既具有厚重的底调，又有轻巧的元素，更会使建筑感觉自然纯朴。

本户型民宅用地较小，属于紧凑型布局，基本做到动静分区和洁污分区。依据传统生活方式，主要房屋为三开间布局，卫生间和厨房作为辅助用房，可从院内直接进入，内院做绿化种植园（图6-4-5、图6-4-6）。

2. 样例二

建筑采用传统建筑式样，青砖灰瓦，屋面采用较高级的小筒瓦。屋顶坡度较缓，预留平板位置给太阳能，空调板布置在北向。实体围墙和栏杆的结合使院落空间通透大方，与自然环境相得益彰。

本户型民宅，占地面积210平方米，建筑面积320平方米，一层为生活起居部分和厨卫部分，按照当地习惯相互独立设置，卫生间对外采光通风，厨房对内院采光，厨卫和主要房间脱离，二层以上为住户主要居室空间。厨房设在院中充分满足了当地居民的生活习惯，内院做绿化种植园。

户型面积较大，可做接待、客栈使用（图6-4-7、图6-4-8）。

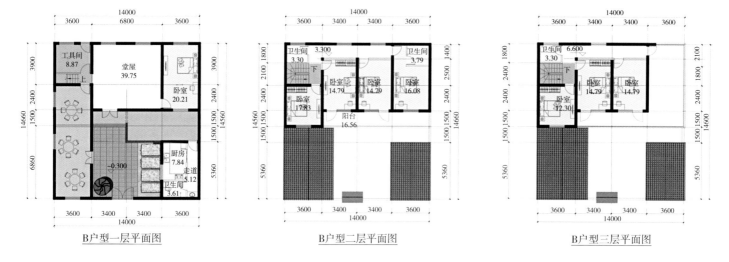

B户型一层平面图　　　　　　　　B户型二层平面图　　　　　　　　B户型三层平面图

6	8
7	

图6-4-6 实例效果图

图6-4-7 样例平面图

图6-4-8 样例效果图

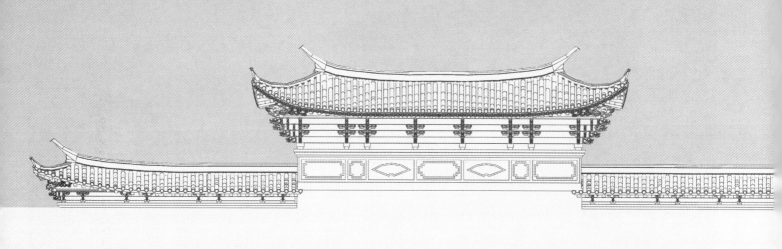

第 7 章

碗窑村村庄基础设施改善与环境提升

07

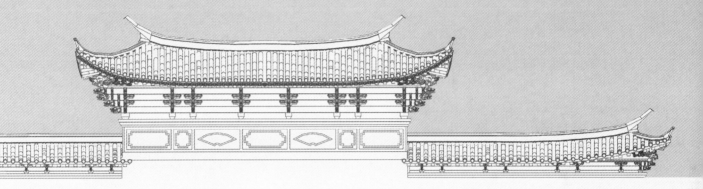

7.1 给水工程规划

7.1.1 给水系统现状

1. 水源

引自山泉水，普及率高，系统简易。

碗窑村现状通过管道引山泉水至村内分散的蓄水池，供村民饮用以及洗涤等杂用水使用，村内原有水井已废弃。

2. 给水设施

水池：约3座；

输水管：dn30~dn50；

用户配水管：dn15~dn25（图7-1-1）。

7.1.2 给水系统问题

无消防系统；

配水管道线路敷设不规范，易受污染源污染：村内配水管道沿道路、排水明渠设置，大部分输水管道与排水明渠通用走廊，且管道裸露在外，存在污染风险（图7-1-2）；

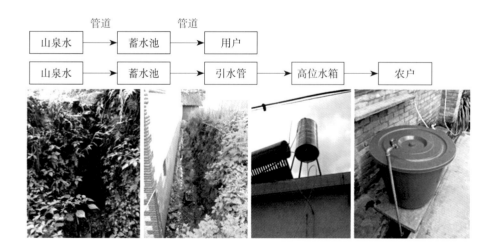

蓄水设施不完善，无消毒措施；

部分设施使用不便，农户水龙头大多设置在庭院内，不设配套水池，且多有损坏，积水横流；室内用水需重新接软管，院落环境不佳（图7-1-3）。

给水管与排水沟同走廊　　　　给水管横穿村路且裸露在外

给水管道线路不规范

2
1　3

图7-1-1　碗窑村现状供水系统

图7-1-2　碗窑村现状供水管道

图7-1-3　院内供水设施

7.1.3 规划策略

碗窑村村庄给水工程规划的策略为实行村级独立供水模式，配套完善供水及消防设施。其中：

取水工程：利用现状水源，建立水源保护区，设置标志。保护区内禁止任何污染水源的活动，禁止排入工业废水和生活污水；

输水工程：按照单管布设，管道沿线转角及坡度较大处均设置镇墩，全线一定长度处均设置支墩，以保证输水管道安全；

净水工程：结合现状取水设施，配套修建净水池等设施，完善村庄净水工程；

配水工程：结合景观设计，在减少工程造价的前提下统一梳理管网走向，全村形成树枝状配水管网体系；结合配水干管，设置消防水鹤；更换部分老旧配水管道，保障用水安全（图7-1-4、图7-1-5）。

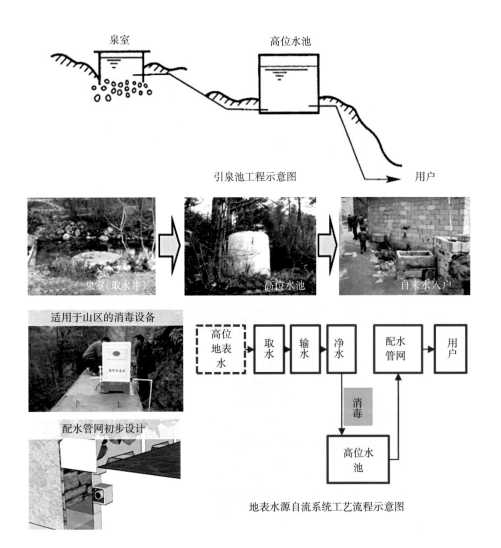

引泉池工程示意图

泉室（取水井）　高位水池　自来水入户

适用于山区的消毒设备

配水管网初步设计

地表水源自流系统工艺流程示意图

图7-1-4　引泉池工程示意图

图7-1-5　地表水源自流系统工艺流程示意图

7.2 排水工程规划

7.2.1 排水系统现状

雨污合流，明渠排水：村内垂直等高线形成多条排洪沟，成为村内雨污水的主排水通道，最终进入村内河流。

1. 雨水、废水（图7-2-1）
2. 污水

目前村内大部分农户内设有化粪池，污水由农户内注入化粪池，经简易处理后，投放农田（图7-2-2）。

7.2.2 排水系统问题

卫生厕所尚未全面普及，村内无公共厕所，全部为分户户厕；

现状污水处理设施简单，难以达标处理；

排水系统建设规范性差，目前村内排水沟以明沟形式为主，缺乏安全防护，并且污水侵蚀路基与房屋基础，存在安全与卫生隐患（图7-2-3）。

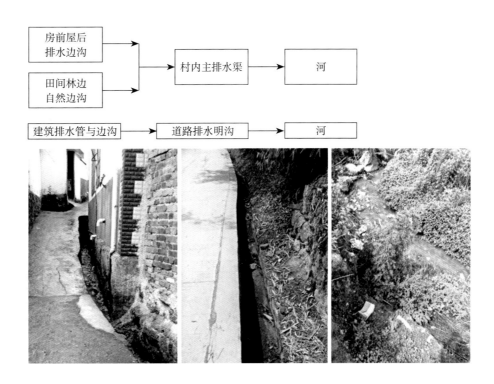

图7-2-1　雨水废水排水现状

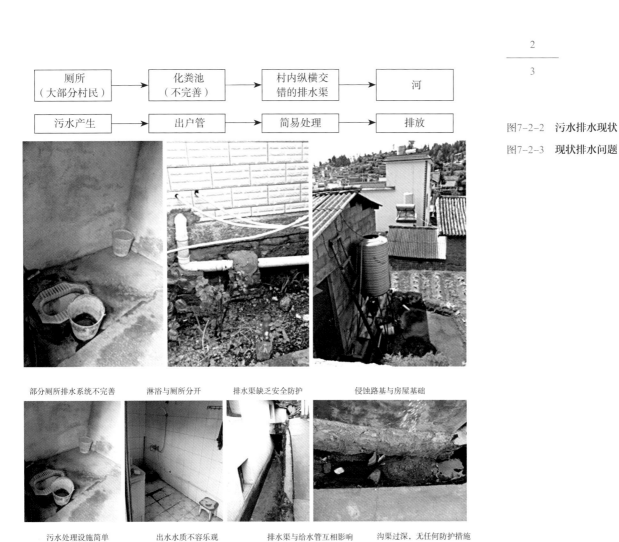

图7-2-2　污水排水现状

图7-2-3　现状排水问题

厕所 （大部分村民）	→	化粪池 （不完善）	→	村内纵横交 错的排水渠	→	河
污水产生	→	出户管	→	简易处理	→	排放

部分厕所排水系统不完善　　淋浴与厕所分开　　排水渠缺乏安全防护　　侵蚀路基与房屋基础

污水处理设施简单　　出水水质不容乐观　　排水渠与给水管互相影响　　沟渠过深，无任何防护措施

7.2.3　规划策略

规划碗窑村排水体制雨水直排，污水进行无害化处理，具体措施如下：

1. 雨水处理

疏通清理冲沟、河道、排水沟渠；拆除沿河、沟搭建的违章建筑物；完善导排系统，引导雨水就近排入自然水系（图7-2-4）。

图7-2-4　雨水处理

图7-2-5　人工湿地污水处理

图7-2-6　三格式化粪池

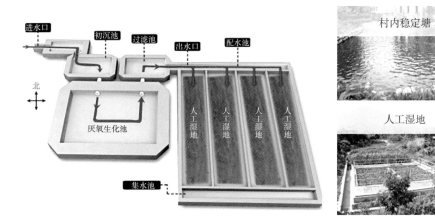

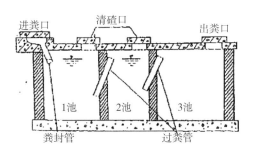

2. 污水处理

建设稳定塘、人工湿地等污水处理设施，利用土壤、植物、微生物、人工介质的协同作用，对污水、污泥进行处理（图7-2-5）。

3. 粪便处理

改造户厕，建设三格式化粪池，利用厌氧发酵处理粪便（图7-2-6）。

7.3 电力电信工程规划

7.3.1 电力系统现状及问题

1. 现状

碗窑村现状电气化率较高。

电源：电源引自市政35千伏变电站；

设施：村内无变电站、开闭所设施；

线路：架空，配电线路纵横交错（图7-3-1）。

2. 问题

配电线路综合交错，存在老化，维修不便，有漏电、火灾隐患，村内电力架空线缺乏统一的规划，多为临时增设，随意穿越林木和木质结构屋顶等。

7.3.2 通信系统现状及问题

1. 现状

碗窑村电信线路已覆盖主要居民点：

通信架空线引自市政线路；

电视：大部分村民使用有线电视，少部分村民分散安装卫星电视接收器；

村内无邮政代办点、无宽带（图7-3-2）。

2. 问题

缺少必要的通信手段，信息获取和传递不便，无邮政设施、无宽带、有村级自建广播系统。

7.3.3 规划策略

优化线路，保障通信及电力需求，维护安全。

线路线网：配线径应尽量接近直线，走近、走直，避免曲折迂回，并力求转角少；减少交叉跨越，避开易燃易爆地带；避开洼地、冲刷地带，避开果树林、防护林等地方；优化网架结构并提高供电可靠性；排查安全隐患，保障农村用电安全。

市政电网 → 输电 → 变压器 开闭所 → 配电线 → 用户

负荷：结合农村电力发展计划来综合调整电力负荷、配电线径、变压器、电表等供电设施，满足计划年限内各负荷点的供电要求；结合村内人口发展及空间调整，合理架设电缆，并安排邮政设施（图7-3-3）。

7.4 能源供应规划

7.4.1 能源利用现状

碗窑村能源结构较传统，无管道天然气等设备，燃料以薪柴为主，电力为辅；少量太阳能热水器（20余户）（图7-4-1）。

烧窑产生的黑烟　　　传统柴煤灶　　　沼气厨具

沼气发酵池　　　太阳能设施　　　太阳能卫浴

电磁炉煤灶　　　太阳能路灯

7.4.2　能源利用问题

碗窑村传统燃料污染严重，破坏植被，传统龙窑以松木为燃料，燃烧时产生大量黑烟，破坏生态体系，影响村庄环境；同时，传统的炉灶利用效率较低，村民炊事环境不佳，获取燃料占用大量劳动力。

7.4.3　能源供应规划

规划建议改变传统能源结构，利用绿色能源，如太阳能、生物能等。

太阳能：利用太阳能，改良村民浴室，提高村民生活质量；建设太阳能路灯，提高村内道路亮化率，保障夜间出行安全（图7-4-2）；

生物能：综合利用人畜粪便、秸秆等农业废弃物，建设沼气池，所产生的沼气、沼渣、热量用于炊事、发电、照明、肥田等（图7-4-3）；

建筑节能：改造农房墙体、门窗、屋面、地面等围护结构，达到夏季通风散热，冬季保温的效果；

设施建设：设施建设应符合国家或地方相关标准规范；改造设施的安装和使用不应影响建筑物质量和安全。

1
2
3

图7-4-1　碗窑村现状能源利用情况
图7-4-2　安装太阳能设施
图7-4-3　生物能利用示意

禽畜粪便加秸秆的沼气发电供热工程

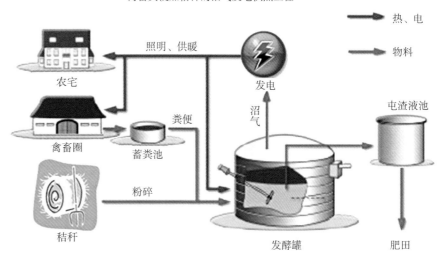

照明、供暖
发电
农宅
禽畜圈
蓄粪池
粪便
沼气
秸秆
粉碎
发酵罐
屯渣液池
肥田

热、电
物料

7.5 环境卫生设施规划

7.5.1 现状

村内有两处垃圾池，但建造手法简单，垃圾露天堆放，且靠近河流与农田，污染较大；

目前垃圾处理方式为两种：简易填埋和就地焚烧；

村内缺乏垃圾箱，致使村内排水沟、深沟、河道内积存垃圾，影响村内环境卫生（图7-5-1）。

7.5.2 规划策略

规划增加环卫设施，完善垃圾收运及处理体系。

1. 环卫设施

根据村民习惯，科学设置垃圾箱（桶），方便村民使用；就地取材，尽量利用农户自家的铁皮桶、塑料桶、竹篓等收集垃圾（图7-5-2）。

2. 垃圾收运

清理村内垃圾及杂物；村庄可采用"户分类、组保洁、村收集、村处理"的模式；村庄生活垃圾容器化、密闭化收集管理，避免二次污染；

3. 垃圾处理

引导垃圾分类，实现垃圾减量；利用山谷、沟壑等地形建设垃圾填埋场，选址应位于主导风向下方，不影响饮用水源和村庄景观，远离湿地等不稳定地段，采取防渗措施并处理滤液，实现卫生填埋；对垃圾进行焚烧，做好焚烧后的烟气净化和废渣处理，避免二次污染（图7-5-3）。

1
___
2
___
3

图7-5-1　村内垃圾收集设施及河道污染

图7-5-2　村民自家简易垃圾收集装置

图7-5-3　集体垃圾收集箱及垃圾填埋池

7.6 消防系统规划

7.6.1 现状

碗窑村现状村庄道路等级较低，路面较窄；消防设施欠缺，无法覆盖到整个村庄建设区。

7.6.2 规划策略

结合碗窑村实际情况，根据建设需要，排查村内设施安全隐患，结合实际合理增建消防设施，并同时加大教育宣传。

排查隐患：独立设置生产、存储易燃易爆物的加工厂和仓库；堆量较大的柴草、饲料放置于主导风向下侧，与电气设施、电线、建筑物保持安全距离。

设施建设：结合村内给水主干管网走向，均匀布置消防水鹤，覆盖整个村庄建成区；结合村内道路宽度，配备中小型消防车或消防三轮车；增强建筑耐火性能，提高耐火等级，增加防火分隔。

组织管理：加强宣传教育，组织村民学习；组织专业人员定期对村内道路、消防设施、建筑结构进行检查，避免出现违规占用道路、设施无法使用等现象。

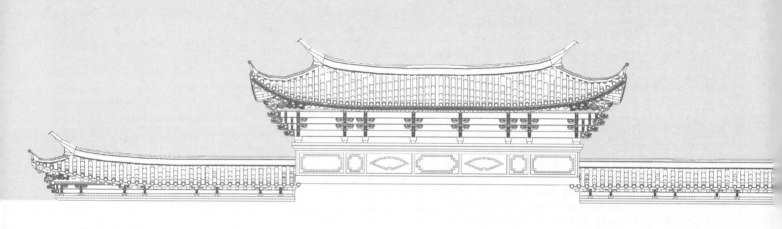

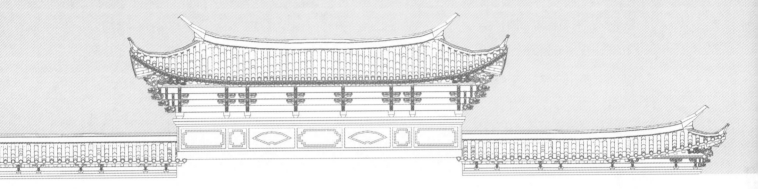

第8章

碗窑村传统村落保护规划设计

08

8.1 设计原则与思路

8.1.1 设计原则

1. 原则一：生态优先原则

（1）山——生态格局的骨架

严格保护自然山体及其风貌景观，防止违法采矿及开山行为，对地质脆弱区域采取必要的保护措施。

（2）林——景观风貌的主体

保护国有林场和自然林地，采取植树造林和封山育林等措施，提高森林覆盖率，严防偷伐盗伐行为，并构筑山林大地景观。

（3）水——生态环境的灵魂

对贯穿全域的古河道进行整理，重点整治村庄段，并进行适度利用。

（4）田——人与自然的精华

梳理农田小路和田间景观，打造特色梯田美景。

（5）庄——人文景观的舞台

根据规划有序发展、建设，杜绝侵占基本农田和山林行为，控制村庄规模。

2. 原则二：可实施原则

（1）简单易行：结合当地的情况（山区、农村、贫困、不便），采用村民自助式的方式进行公共空间和景观改造，设计方案通俗易懂，施工操作简单易行，便于村民日后的维护和管理，可实施性和可操作性较强。

（2）因地制宜：要充分考虑山区的复杂地形和当地狭窄的街巷，以及农房、道路改造建设的既定事实，深入挖掘景观改造空间，革新方式。

（3）经济节约：设计方案既要体现本土特色，又要尽可能地经济节约，尽量就地取材，充分利用本地资源，杜绝奢华、浪费。

（4）本土植物：采用本土植物和周边地区常用的植被，提高植物的成活率，降低成本，体现地区特色。

3. 原则三：体现传统特色原则

（1）充分利用当地文化要素

将龙窑制陶文化融入景观营造中，充分利用土陶成品、残次品甚至是破碎的陶片，将其运用到景观墙、景观小路、景观小品、照明灯罩等的设计中，打造碗窑村独特的自然人文景观。

（2）最大限度体现历史价值

对重要历史建筑区域、历史街巷空间保存较完整区域、历史遗存周边进行重点景观营造设计，突出历史要素的价值和地位，明确保护的重要性。同时，改善其生存环境，并做适度的宣传和利用。

（3）努力营造传统特色氛围

采用传统的景观营造手法和材料形式，营造传统街巷景观、水系景观、庭院景观等，衬托出碗窑村浓郁的传统特色氛围。

8.1.2 设计思路

1. 整体策略、模式化方案、重点设计

提出碗窑村人居环境改善与景观环境，营造整体策略，明确原则和方向，对不同类型庭院（土质地面、水泥地面、有无车棚、有无牲畜）、不同类型道路（过境道路、主干路、小路）进行模式化设计，提出若干种适用于不同情况下的模式方案。对重要历史建筑区域、重要历史街巷空间、重要历史遗存周边、古河道水系、村口标识与观景平台等进行重点设计，并优先进行施工改造。

2. "前台"与"后台"协调统一、各具特色

前台区域与后台区域在保护策略、风格形式、风貌特征等方面保持协调一致、整体统一，但在景观功能、营造手段、改造程度等方面需保持各自的特色，因地制宜。如在使用对象上，前台主要针对外来游客等，后台主要为村民生活服务；在景观功能上，前台比后台增加了观赏、游览、游憩等内容；在改造程度上，前台要比后台更加丰富、详细和深入。

3. 环境整治与传统村落保护并行、相辅相成

将碗窑村的环境整治与传统村落行动有机结合，同时开展，两者相辅相成、相互促进、又互作补充，避免不同方面的改造、建设活动重复开展，造成浪费和矛盾。

8.2 核心区详细设计

8.2.1 核心区总平面（图8-2-1）

8.2.2 重要节点设计

8.2.2.1 游客服务中心

游客服务中心紧邻村落主路，是碗窑村重要门户节点，也是村落核心的集散空间之一。规划将现状建筑局部修复改造，完善旅游服务功能；合理搭配植物、统一铺装周边环境；结合入口广场设计牌楼，提升入口形象，增强门户节点标识度（图8-2-2、图8-2-3）。

1	入口牌楼	11	龙窑
2	游客服务中心	12	陶艺小品
3	民俗文化广场	13	艺术品展销园
4	周邓祖宅展示园	14	互动体验馆
5	纪念品展销	15	龙窑广场
6	主题客栈	16	休闲茶舍
7	美食广场	17	古村棋社
8	古井观赏栈道	18	养生会馆
9	观景亭	19	休憩平台
10	工艺展示馆	20	茶马古道文化走廊

8.2.2.2 周邓祖宅

周邓祖宅是碗窑村重要的历史建筑、文保单位，也是展示当地建筑工艺、民俗生活传统的重要场所。

规划围绕周邓祖宅修缮历史街巷的同时，结合周边院落修建民俗体验中心，包括主题客栈、美食广场、纪念品展销、特色农家乐等项目；同时在入口处开辟纪念广场，结合水景、置石、景墙等聚集人气，提升环境品质（图8-2-4、图8-2-5）。

8.2.2.3 三号龙窑区

三号窑是碗窑村历史最悠久的龙窑，是当地居民生产生活的重要工具，也是集中展现村落文化的场所之一。

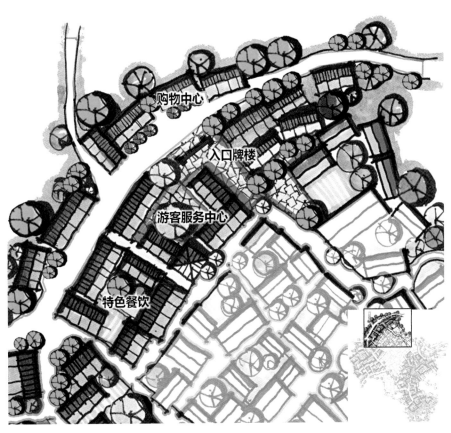

图8-2-1 核心区总平面图

图8-2-2 旅游服务中心平面图

图8-2-3 旅游服务中心局部效果

周邓祖宅展示园

美食广场

场地改造旨以龙窑为核心，开辟宜人尺度开放空间，结合周边院落开发制陶体验、工艺展示、艺术品展销项目；同时围绕古井布设台阶栈道，配置陶艺、砖雕小品，形成村落与梯田的自然过渡（图8-2-6、图8-2-7）。

8.2.2.4　古树林

现状村南古松树林临近茶马古道，植被保存较好，是当地居民生产资料来源及重要的景观资源。

在保护现状古树林的前提下，将现状建筑改造为养生会馆、棋社、茶舍，设计林间栈道，结合景观小品展示茶马古道文化，打造静谧惬意的休憩空间，完善旅游服务功能，展现古朴民俗民风（图8-2-8、图8-2-9）。

8.2.2.5　周邓祖宅节点细化

结合周邓祖宅修建游憩场地，通过花台、台阶、廊架等小品营造优美舒适的环境，打造成示范区的窗口（图8-2-10、图8-2-11）。

8.2.2.6　博物馆—游客集散中心

现状博物馆展示了碗窑制陶文化的技艺及历史。

结合博物馆在西侧新建一组建筑，作为游客服务中心和纪念品销售点。并在场地内设置停车场提供集散场地，配以精致的花带景观展示碗窑形象（图8-2-12、图8-2-13）。

4　　5

图8-2-4　周邓祖宅平面图
图8-2-5　周邓祖宅效果

陶艺工艺展示馆

砖雕小品

休闲茶舍

茶马古道文化走廊

6	7
8	9

图8-2-6　龙窑节点平面

图8-2-7　龙窑节点效果

图8-2-8　古树林节点平面

图8-2-9　古树林节点效果

图8-2-10　周邓祖宅节点平面

图8-2-11　周邓祖宅节点效果

图8-2-12　博物馆—游客集散中心平面

图8-2-13　博物馆—游客集散景观效果

台阶

花架

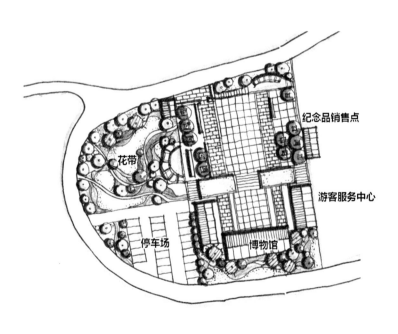

花带

停车场

8.3 历史要素保护与改造

8.3.1 龙窑

8.3.1.1 龙窑现状及问题

碗窑村龙窑保存较为完整，大部分仍在使用中，但由于年代久远，老化和破损现象严重，再加上条件限制，存在诸多问题：①龙窑北侧台阶缺少遮阳；②龙窑两侧缺少排水设施；③龙窑南侧道路缺少铺装；④龙窑内部空间缺乏利用；⑤周围建筑内部空间混乱；⑥龙窑外部空间流线混乱（图8-3-1）。

8.3.1.2 龙窑保护措施

1. 三号龙窑保护与改造

解决问题①：将龙窑现有屋檐向外延伸出一段，将台阶覆盖。新建屋顶在龙窑上端采用单侧坡屋顶形式，下端采用双坡屋顶形式。

解决问题②：修缮改造龙窑周围现有建筑和空地，形成一个完整的景观体系，打造一个集展示、体验、休闲为一体的空间。

解决问题③：将龙窑南侧现有的土路进行修缮铺装，并且用碎陶片进行装饰点缀。不仅方便了行人的使用，而且美化了环境。

图8-3-1 三号龙窑现状

解决问题④：对龙窑的平面进行改造，划分出一些展示空间用于摆放烧制好的陶器成品，充分利用龙窑周边的空间。

解决问题⑤：通过对碗窑村的调研，将龙窑周围建筑空间划分为四个主要功能分区：原料储存区、加工制作区、半成品储存区、成品展示区。分区明确，并且充分利用了建筑内部空间。

解决问题⑥：将龙窑周边的环境进行重新整治，对周围道路进行重新铺设，附近建筑进行加固处理，重新布局改造成茶室与制作室（图8-3-2、图8-3-3）。

2. 一号龙窑保护与改造

解决问题①：修复和整治龙窑现有屋檐，加固房屋结构。改造龙窑根据工作需求分为加工制作区、半成品储存区和成品展示区，充分利用并且保持原生态的龙窑景观。

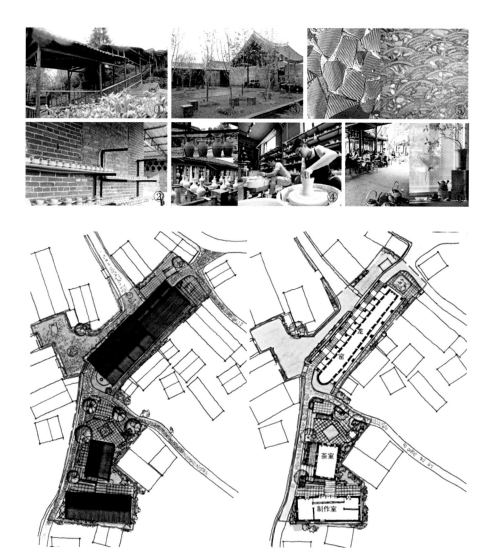

图8-3-2 三号龙窑改造措施意向图

图8-3-3 三号龙窑改造后平面及周边建筑功能

第8章
碗窑村传统村落保护规划设计

图8-3-4　一号龙窑周围建筑平面及改造意向

解决问题②：将龙窑周边的道路进行重新打造，打通龙窑与景观台和村中环线的链接，种植景观类树木，加强周边环境的营造。采用土陶制品打造小型景观节点，提升道路品质（图8-3-4）。

8.3.2　古树

8.3.2.1　古树现状及问题

古树处于自然状态，缺乏必要的保护措施（图8-3-5）。

8.3.2.2　古树保护措施

对古树进行编号建档，落实挂牌保护。增设石材树池或木质围栏，造型应尽量贴合自然形态，与古木共同构成景观节点。结合围栏和树池增加休憩设施。对建设工程施工范围内的古树名木，必须事先采取防护措施。在古树根系分布范围内，严禁设置厕所和污水渗沟（图8-3-6）。

8.3.3　古井

8.3.3.1　古井现状及问题

碗窑村现状共有三处古井，目前均荒草丛生，废弃闲置，环境及标识性较差（图8-3-7）。

8.3.3.2 古井保护措施

将现状的土坡路改造成石板台阶路，方便通行；在水井周围划定15平方米左右的保护区域，并用木栏杆围合；清除周边的杂草，合理种植乔灌草，美化环境；建立醒目的保护标识；用砖、石块铺设一定面积的硬质铺装，便于观赏（图8-3-8、图8-3-9）。

8.3.4 古桥

8.3.4.1 古桥现状问题

古桥现状结构已老化，桥体缺乏保护措施，存在安全隐患，并且标识性不强，整体外貌破损严重，环境较差（图8-3-10）。

铺设石板台阶

划定15平方米保护区域，用木围栏围合

用砖、石块铺设一定面积的硬质铺装

挂牌保护，进行环境绿化美化

10
—
11
—
12

图8-3-10　古桥现状

图8-3-11　古桥保护措施一：
　　　　　结构加固

图8-3-12　古桥保护措施二：
　　　　　桥面修缮、加建自然
　　　　　材质的护栏

8.3.4.2　古桥保护措施

对古桥进行修缮、加固（结构加固、桥面修缮、加建自然材质的护栏），
明确保护措施，如禁止机动车通行等，并挂牌保护；对周边环境进行整治，绿
化美化（图8-3-11、图8-3-12）。

8.4 绿化景观提升与设计

8.4.1 景观要素引导

8.4.1.1 植物选择

乔木：选择树形优美的植株用作园景树，种植在重要节点作为标志性树木，或者作为基础绿化。

灌木：选择开花树种丰富景观，种植在街角空间。或者作为景观节点中层植被，丰富群落层次。

图8-4-1 树种选择意向

草本：作为底层绿化，以自然本土植被为主（图8-4-1）。

秃杉	圆柏	滇朴	茶树
三角梅	华东山茶	杜鹃	芭蕉
狗牙根	垂盆草	红花酢浆草	白花三叶草

8.4.1.2　景观小品

景观小品是景观环境中的点睛之笔，一般体量较小、色彩单纯，对空间起点缀作用，包括建筑小品、生活设施小品、道路设施小品等。碗窑村景观小品的选取和设置，应遵循经济、实用和美观的原则，同时要因地制宜并体现地方特色（图8-4-2）。

1. 灯具

灯具的样式不宜过多，要简洁大方，体现古村特色（图8-4-3）。

2. 垃圾桶

垃圾桶需根据碗窑村的文化特色而特别制作，将垃圾桶与碗窑村融为一体，让村民与到访者喜欢上它，从而自觉把垃圾扔进垃圾桶里，保证景区良好环境（图8-4-4）。

8.4.1.3　标识牌

标示系统要准确反映碗窑村旅游资源和文化的鲜明特色。主题突出、视觉形象鲜明，外形简洁、寓意深刻，具有较强识别性、地域性、独特性、创意性

图8-4-2　**利用当地闲置的土陶制品作为景观小品**

图8-4-3　**灯具设计意向**
（图片来源：网络）

图8-4-4　**垃圾桶设计意向**
（图片来源：网络）

和可观性，适合在多种载体上推广。

1. 指示牌

用于指引方向、导向等作用；木质，制作方便，就地取材；可立式，也可钉在墙上；体现特色，于标识牌下方铺陶片；如"请沿顺序游览"、"游客服务中心"、"三号龙窑"、"停车场"等（图8-4-5）。

2. 警示牌

用于提醒、劝阻、警告等作用；木质，制作方便，就地取材；多放置于草丛中，红色牌醒目；体现特色，于标识牌下方铺陶片（图8-4-6）。

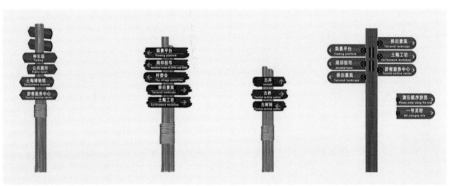

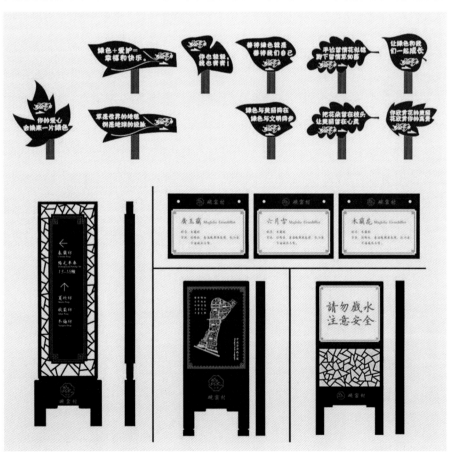

图8-4-5 指示牌设计意向
（图片来源：网络）

图8-4-6 警示牌设计意向
（图片来源：网络）

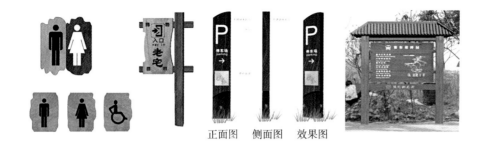

正面图　侧面图　效果图

3. 标志牌

用于明确名称、提示等作用；木质，制作方便，就地取材；可立式，也可钉在墙上；体现特色，于标识牌下方铺陶片；如"公共厕所"、"老宅"、"古井"、"古桥"、"古树"等（图8-4-7）。

8.4.2　绿化景观提升

8.4.2.1　路边绿化

村边水泥主路：村边水泥主路现基本无绿化，考虑利用道路与农田之间的荒地进行乔灌草的立体种植搭配，采用行列式种植方式，增大株距，以保证田园景观的通透性。个别特殊地段可使用盆栽。

村内水泥街巷：由于碗窑村已进行过道路街巷的改造建设，村内主要街巷几乎全部为水泥硬化路面，两侧即是排水明渠，紧挨着民宅山墙，没有为绿化改造留下空间。考虑与排水明渠的改造相结合，布置盆栽。

步行景观小路：对不需要通车的步行景观小路进行路面及绿化方面的改造。选用本地的石料、条石等进行铺装，高差较大地段采用石阶路。路旁绿化以灌木、草本植物为主，也可种植蔬菜、瓜果等（图8-4-8）。

7	9
8	10

图8-4-7　标志牌设计意向
（图片来源：网络）

图8-4-8　路边绿化设计

图8-4-9　庭院景观设计

图8-4-10　河道断面整治

8.4.2.2 庭院景观

对庭院的功能进行合理布局，对绿化景观进行优化提升，包括围墙、铺装、大门、设施等（图8-4-9）。

8.4.2.3 河道整治

对古河道村庄段进行垃圾和环境的整治，彻底清除水系内淤积的垃圾和淤泥，对河道进行适度的加宽，对堤坝进行人工加固，使其满足防洪要求。

在不破坏周边生态环境的基础上，充分利用两岸的山体和自然植被，对部分河岸进行适度的利用，增设亲水平台及小型广场，沿着山势设计步行景观路，满足当地村民及游客的休闲、娱乐、观赏等需求（图8-4-10、图8-4-11）。

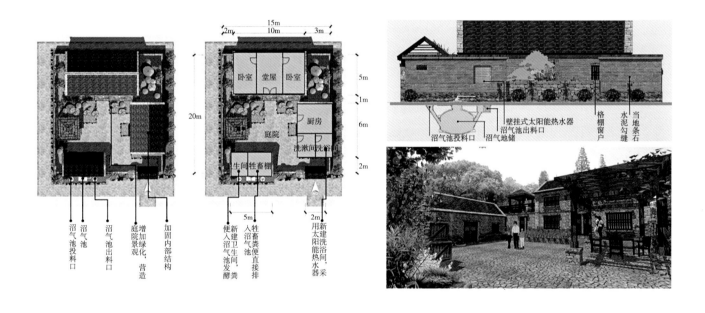

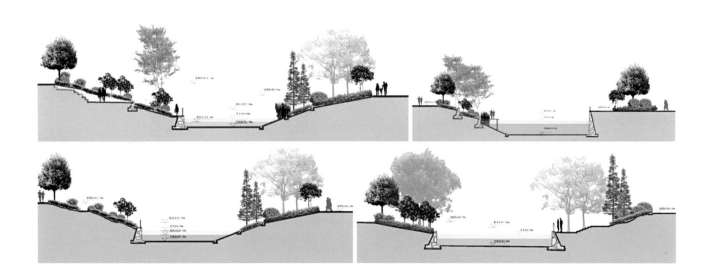

8.4.3　重要地段景观设计——村口标识与观景平台

8.4.3.1　项目选址

于碗窑村西部、进村主要道路（博勐线）旁，拐弯处，进行村口标识与观景平台的打造，该处山下有一座龙窑，旁边有一户制陶农家，可与观景平台形成互动，形成传统文化气息浓郁的"进村第一景"（图8-4-12、图8-4-13）。

8.4.3.2　设计理念

采用景观石的形式，设计村口标识，后面种植一棵大树；该处视点位于进村道路旁，可观赏核心保护区全貌，且视野内较少有干扰，可设置一处15平方米左右的挑出式观景平台；对该处视野范围内的干扰建筑和不协调区域进行视线通廊的景观优化设计，以达到预期的观赏效果；设计一面土陶文化景观墙；增加一段石板路，将观景平台与山下的石阶路相连（图8-4-14~图8-4-17、表8-4-1）。

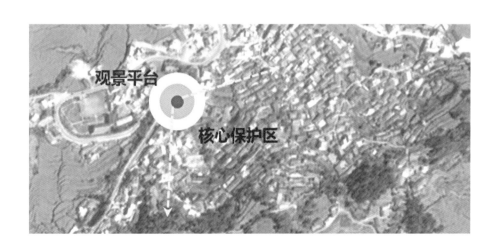

图8-4-11　河道整治效果

图8-4-12　村口标识与观景平台选址

图8-4-13　选址周边现状

图8-4-14　村口景观石标识

图8-4-15　挑出式景观平台

图8-4-16 土陶文化景观墙

图8-4-17 观景平台、景观
墙、石板台阶

当地常用景观植物及应用列表 表8-4-1

序号	名称	综合分类	应用效果
1	树番茄	乔木	乔木层可做行道树
2	海芋	灌木	可做绿篱
3	红檵木	灌木	可做绿篱
4	红枫	乔木	乔木层可做行道树
5	吊兰	草本	可做绿篱
6	蜀葵	草本及花卉	可做花篱
7	香花崖豆藤	草本及花卉	可做花篱
8	杨梅	乔木	乔木层可做行道树
9	多裂棕竹	草本及花卉	可做花篱
10	火棘	灌木	可做绿篱
11	南天竹	灌木	可做绿篱
12	山茶	灌木	可做绿篱
13	蔓长春花	草本及花卉	可做花篱
14	金叶假连翘	灌木	可做绿篱
15	茼蒿菊	草本及花卉	可做花篱
16	南非万寿菊	草本及花卉	可做花篱
17	复羽叶栾树	乔木	乔木层可做行道树
18	槐树	乔木	乔木层可做行道树
19	凤尾丝兰	草本及花卉	可做花篱
20	花叶青木	灌木	可做绿篱
21	构骨	灌木	可做绿篱
22	肾蕨	草本及花卉	可做花篱
23	洋常春藤	藤本	可做地被植物
24	加纳利常春藤	藤本	可做地被植物
25	鼠李	灌木	可做绿篱
26	马缨丹	草本及花卉	可做花篱
27	春羽	草本及花卉	可做花篱
28	枇杷	乔木	乔木层可做行道树
29	长小叶十大功劳	灌木	可做绿篱
30	香叶树	乔木	乔木层可做行道树

序号	名称	综合分类	应用效果
31	四照花	乔木	乔木层可做行道树
32	女贞	乔木	乔木层可做行道树
33	山樱花	乔木	乔木层可做行道树
34	夏鹃	灌木	可做绿篱
35	小叶榕	乔木	乔木层可做行道树
36	灰莉	灌木	可做绿篱
37	散尾葵	乔木	乔木层可做行道树
38	鹅掌柴	乔木	乔木层可做行道树
39	鹅掌藤	灌木	可做绿篱
40	龟甲冬青	灌木	可做绿篱
41	八角金盘	草本及花卉	可做花篱
42	珊瑚樱	灌木	可做绿篱
43	香堇	草本及花卉	可做花篱
44	茶梅	灌木	可做绿篱
45	石榴	乔木	乔木层可做行道树
46	江边刺葵	乔木	乔木层可做行道树
47	龙爪槐	乔木	乔木层可做行道树
48	碧桃	乔木	乔木层可做行道树
49	酢浆草	草本及花卉	可做花篱
50	龙柏	乔木	乔木层可做行道树
51	幌伞枫	乔木	乔木层可做行道树
52	菜豆树	乔木	乔木层可做行道树
53	昙花	草本及花卉	可做花篱
54	山楂	乔木	乔木层可做行道树
55	金丝梅	灌木	可做绿篱
56	悬钩子	灌木	可做绿篱
57	苏铁	乔木	乔木层可做行道树
58	密蒙花	草本及花卉	可做花篱
59	叶子花	灌木	可做绿篱
60	凤尾竹	竹类	可做绿篱
61	金边龙舌兰	灌木	可做绿篱

序号	名称	综合分类	应用效果
62	紫锦木	乔木	乔木层可做行道树
63	银纹沿阶草	草本及花卉	可做花篱
64	地涌金莲	草本及花卉	可做花篱
65	三角槭	乔木	乔木层可做行道树
66	毛竹	竹类	可做专类园
67	夜香树	乔木	乔木层可做行道树
68	厚壳树	乔木	乔木层可做行道树
69	苦楝树	乔木	乔木层可做行道树
70	君子兰	草本及花卉	可做花篱
71	吉祥草	草本及花卉	可做花篱
72	滇朴	乔木	乔木层可做行道树
73	冬青	乔木	乔木层可做行道树

参考文献

［1］冯骥才等. 20个古村落的家底（中国传统村落档案优选）［M］. 北京：文化艺术出版社，2016.

［2］周建明. 中国传统村落——保护与发展［M］. 北京：中国建筑工业出版社，2014.

［3］郭焕宇. 中堂传统村落与建筑文化［M］. 广州：华南理工大学出版社，2014.

［4］林祖锐. 传统村落基础设施协调发展规划导控技术策略——以太行山区传统村落为例［M］. 北京：中国建筑工业出版社，2016.

［5］李秋香，罗德胤，贾珺. 中国民居五书套装（北方·西南·赣粤·浙江·福建全5册）［M］. 北京：清华大学出版社，2010.

［6］陆元鼎，陆琦. 中国民居建筑艺术［M］. 北京：中国建筑工业出版社，2010.

［7］朱良文. 传统民居价值与传承［M］. 北京：中国建筑工业出版社，2011.

［8］单德启. 安徽民居［M］. 北京：中国建筑工业出版社，2009.

［9］刘森林. 中华民居——传统住宅建筑分析［M］. 上海：同济大学出版社，2009.

［10］车震宇. 传统村落旅游开发与形态变化［M］. 北京：科学出版社，2008.

［11］蔡凌. 侗族聚居区的传统村落与建筑［M］. 北京：中国建筑工业出版社，2007.

［12］卢世主，裴攀，张琪佳. 城镇化背景下传统村落空间发展研究：井冈山村庄建设规划设计实践［M］. 北京：中国文联出版社，2016.

［13］袁露，黄翔. 欧亚茶马古道源头羊楼洞：传统村落未来之路研究［M］. 天津：天津大学出版社，2016.

［14］马佶，霍国生. 井陉传统村落［M］. 北京：中国文联出版社，2015.

［15］范霄鹏，乐东昭，仲金玲. 传统村落空间类型及承载力研究［M］. 北京：中国建筑工业出版社，2015.

［16］曹易. 传统村落保护与更新研究——以滇中地区为例［D］. 云南：昆明理工大学，2015.

［17］田银生. 传统村落的形式和意义［M］. 广东：华南理工大学出版社，2011.

［18］栾峰，奚慧，杨犇. 美丽乡村：贵州省相关政策及其实施调查［M］. 上海：同济大学出版社，2016.

［19］杨豪中，李媛，杨思然. 保护文化传承的新农村建设［M］. 北京：中国建筑工业出版社，2015.

［20］肖文评. 客家村落［M］. 广东：暨南大学出版社，2015.

［21］张琪. 大理白族地区传统自然观与村落空间格局——以喜洲诺邓为例［M］. 云南：昆明理工大学出版社，2014.

［22］霍福. 多元村落民俗文化研究：以青海苏木世村落为个案［M］. 北京：中国社会科学出版社，2012.

［23］段晓梅. 云南省江城县城子三寨传统村落保护与发展规划研究［M］. 北京：科学出版社，2014.

［24］陈玉兴. 农村村落的规划与布局［M］. 四川：西南交通大学出版社，2010.

［25］单彦名，梅静，陈云波. 昆明市域传统风貌村镇调查及保护策略研究［M］. 北京：中国建筑工业出版社，2015.

［26］杨豪中. 保护文化传承的新农村建设［M］. 北京：中国建筑工业出版社，2015.

［27］陈秋华，纪金雄. 乡村旅游规划理论与实践［M］. 北京：中国旅游出版社，2014.

［28］唐春媛. 福建省历史文化名镇名村保护与发展研究［M］. 吉林：吉林大学出版社，2011.

［29］王德刚. 古村落保护与开发［M］. 山东：山东大学出版社，2013.

［30］杨豪中. 保护文化传承的新农村建设［M］. 北京：中国建筑工业出版社，2015.

［31］邹统钎. 古城、古镇与古村旅游开发经典案例［M］. 北京：旅游教育出版社，2005.

［32］陈秋华，纪金雄. 乡村旅游规划理论与实践［M］. 北京：中国旅游出版社，2014.

［33］刘夏蓓. 传统社会结构与文化景观保护——三十年来我国古村落保护反思［J］. 西北师范大学学报（社会科学版），2009，46（2）：114-117.

后记

　　"云贵少数民族地区传统村落规划改造和功能提升"是"十二五"科技支撑计划项目"传统村落保护规划和技术传承关键技术研究"（项目编号：2014BAL06B00）课题五"传统村落规划改造及民居功能综合提升技术集成与示范"（课题编号：2014BAL06B05）的集成示范子课题研究内容。围绕云贵少数民族地区传统村落规划改造和功能提升的技术研究和示范工作要求，中国建筑设计研究院陈继军课题组开展了云南省临沧、玉溪、腾冲等地区的传统村落调查，重点开展了云南省典型传统村落翁丁村的详细调查，研究了滇西南佤族、傣族等传统民居的演变规律，四川美术学院余毅、刘贺炜课题组开展了云南省大理、贵州省黔西南等地区的传统村落调查，挖掘、整理和分析了云南大理地区白族民居营建工艺，昆明理工大学柏文峰课题组开展了云南省西双版纳等地区的传统调查，并结合当地乡土材料，开展了竹木轻型组合结构新材料的研究与应用，中国建筑设计研究院陈继军课题组围绕临沧市博尚镇碗窑村开展了传统村落基础调查与现状评估、土陶文化挖掘与技术传承、古村公共空间保护与整治、民居建筑保护整治与风貌引导、基础设施改善与环境提升等方面的规划设计工作，并结合当地政府和村民委员会，将成果具体应用到碗窑村传统村落保护与发展上。

　　《云贵少数民族地区传统村落规划改造和功能提升——碗窑村传统村落保护与发展》是《中国传统村落保护与发展系列丛书》之一，是在上述"云贵少数民族地区传统村落规划改造和功能提升"子课题研究成果的基础上，结合项目其他几个课题的相应研究成果，由陈继军、林琢、余毅、王帅等编写而成。全书共8章，第1章由白静、陈继军撰写，第2章由王帅、陈继军、余毅、张灵梅、陈凯锋、卫春青、司清、魏岳等撰写，第3章由白静、王帅、安艺、范玥、于代宗、林琢等撰写，第4章由李志新、陈继军、王帅、范玥等撰写，第5章由王帅、连旭、安艺、林琢、陈继军等撰写，第6章由林琢、王帅、陈继军等撰写，第7章由王帅、连旭、于代宗等撰写，第8章由王帅、白静、连旭、于代宗、林琢、陈继军等撰写。

　　在云南省临沧市博尚镇碗窑村集成示范工作开展和本书编写过程中，云南省临沧市住房和城乡建设局李汝荣、唐永盛、刘晓慧等为我们提供了较为详尽的基础资料，并给示范工作给予了大力支持和帮助，在此致以最诚挚的谢意！

本书大多数图片均为课题组成员拍摄、绘制和设计，少部分图片来源于互联网开放性共享资源，在此对所有资料和文献的作者表示衷心的感谢。

　　由于能力、时间和其他多方面的限制，本书难免存在着内容不够充实、研究方法不甚严谨、广度深度不足等诸多问题，敬请各位同行和专家不吝指正！

陈继军

2018年8月10日

图书在版编目（CIP）数据

云贵少数民族地区传统村落规划改造和功能提升——碗窑村传统村落保护与发展／陈继军等编著. —北京：中国建筑工业出版社，2018.12

（中国传统村落保护与发展系列丛书）

ISBN 978-7-112-23100-3

Ⅰ. ①云… Ⅱ. ①陈… Ⅲ. ①少数民族－民族地区－村落－乡村规划－苍南县 Ⅳ. ①TU982.295.54

中国版本图书馆CIP数据核字（2018）第288722号

　　本书作者以云南、贵州省为重点，调查研究了云贵少数民族地区传统村落的选址、格局、演变、建筑和文化等特征，并以云南省临沧市博尚镇碗窑村作为传统村落规划改造和功能提升关键技术示范点，开展了碗窑土陶文化挖掘和传承、传统村落特色空间形态风貌规划、云贵少数民族地区传统民居结构安全和功能提升、传统村落人居环境和基础设施规划改造等的关键技术集成与示范，对集成与示范成果进行编辑整理。本书适用于建筑学、城乡规划、文化遗产保护等专业领域的学者、专家、师生，以及村镇政府机构等人士阅读。

责任编辑：吴　绫　胡永旭　唐　旭　张　华　孙　硕　李东禧
版式设计：锋尚设计
责任校对：王　瑞

中国传统村落保护与发展系列丛书
云贵少数民族地区传统村落规划改造和功能提升
——碗窑村传统村落保护与发展
陈继军　林琢　余毅　王帅　编著
*
中国建筑工业出版社出版、发行（北京海淀三里河路9号）
各地新华书店、建筑书店经销
北京锋尚制版有限公司制版
北京富诚彩色印刷有限公司印刷
*
开本：880×1230毫米　1/16　印张：13½　字数：286千字
2018年12月第一版　2018年12月第一次印刷
定价：158.00元
ISBN 978 – 7 – 112 – 23100 – 3
　　　（33180）